手鞠的几何美学

孙湉 著

零基础到精通的技法详解

江苏凤凰美术出版社

小丫头的大书

序

手鞠是近年来很红火的手工艺术。

手鞠作为一种引进的手工艺术，在其原产地日本，已经有了久远的历史。最早的记录出现在日本镰仓时代初期的《平治物语》（1159）中。在此后的《明月记》（1180—1235）、《吾妻鉴》（1180—1266）、《弁内侍日记》（1246—1252）、《雍州府志》（1684）、《冠辞考》（1757）、《嬉游笑览》（1830）、《女子文库姬鉴》（1912）等古代文献中，有的记录了手鞠名称的演变，有的记载着相关的历史民俗、制作方法和使用方式等。

综合这些古代文献，可以知道日本手鞠起源于中国的蹴鞠（在日本，一度被叫作“唐鞠”）。早期的手鞠是在贵族间流行的游戏，到了17世纪中叶，手鞠开始普及到日本民间，成为民众的游戏民俗而广为流传。在当时的浮世绘画册中，有许多描绘手鞠（耍毬）游戏的画面。日本江户时代（1603—1868），手鞠从大人的游戏逐渐成为儿童游戏的玩具。

手鞠的鞠球制作多出自技术高超的工匠之手，最初是用鹿皮做成袋子，在里面放入米糠、灯芯和毛发等，而后贵族女性间以绢丝缠绕的手鞠开始流行，从日本江户时代中期开始，用棉花作为芯材。这样一来，鞠球的外形更饱满，但弹性降低。如今的手鞠，已经成为人们欣赏、送礼的佳品，有的还用作家居的装饰，是人们社会生活中的艺术品。

这样的手工艺术，既可以陶冶性情，又可以美化生活、创造生活。如今，这样的手工艺术再度回到中国，受到广大爱好者尤其是青年人的青睐。在很多地方，还成立了相关的协会，举办讲习班，普及手鞠艺术，学员中的佼佼者也得到了日本手鞠协会的认可，成为中日友好的民间大使。

本书的作者孙湉，毕业于南京大学考古学与博物馆学专业，曾获历史学硕士学位。毕业后曾从事与文化相关的工作，一个偶然的机会邂逅手鞠并为之着迷，她辞去原有稳定之工作，全心投入手鞠技艺，随日本手鞠协会理事黄秀娟（中国香港）学习制作技艺。于 2017 年加入日本手鞠协会，同年赴日本东京交流学习。回国后创立了手鞠工作室“澄心手鞠”，并致力于手鞠的教学与推广。她曾多次受邀参加国内外展览，也在不断探索手鞠发展的可能性。2021 年成为中国大陆首位日本手鞠协会教授；2022 年任日本手鞠协会副理事。

这本书是孙湉根据自己在学习手鞠艺术，从事手鞠教学的过程中总结的经验写作而成。之所以用“小丫头的大书”为名，是因为孙湉在南大历史系读书时，是她那一届中年龄最小的，刚入学时还是个调皮的小朋友，记得第一次见面时，只见她从出租车中下来，见周围无人注意，走路时便在地上划圈，膝盖不打弯，暴露出小姑娘的天性。不过，她也是个有主见有行动的丫头，能够在短短的两三个月内，以自己的行为带动一个宿舍的小朋友们养成早睡早起的好习惯。说是“大书”，并非以书之体量来论，书中所述均是作者的亲力亲为的切身体会，用时下的话来说是“满满的干货”，没有水分，是称得上“大书”的。

希望读者能够开卷有益。是为序。

南京大学历史学院教授

徐艺乙

2022.11.11 于金陵东郊仙林

前　言

2014年偶然了解到手鞠，那时还做着一份编辑的工作，直到2016年，在抑郁症边缘徘徊的我决定全心投入手鞠技艺，从此拿起了针线，就再没放下。

手鞠是一种很有魅力的艺术形式。球体，使手鞠作品呈现的美是立体的、多角度的、空间感的，而非二维平面的；几何图案、色彩搭配、材料应用，这些元素融合一体，展现了无限的创作可能。更别说上千年文化传承的积淀，对于历史专业研究文化遗产的我，像是有魔力般一下便戳中内心。

一开始学习手鞠的道路并不顺畅，那时候国内几乎没有相关的信息，仅有的一本日本引进的手鞠书便成了启蒙老师，从此开启了我照猫画虎的初学阶段。很幸运，不久便遇见了黄秀娟（中国香港）老师，是她帮我踏上了专业学习手鞠的道路。之后创立了工作室品牌“澄心手鞠”。

随着这些年的分享和教学，很开心地看到手鞠爱好者越来越多。回想当年初学时走的弯路，结合这些年的积累，便有了本书的规划。手艺的传承从来都不是通过保密技艺来实现的，因此书中分享了很多制作细节，每一个作品教程前还给出了制作要点。跨过技艺的门槛，还有更广阔的世界，色彩、构图、创意、审美等，有趣的部分还很多呢。因此希望本书能够成为推开手鞠技艺大门的钥匙，不论兴趣爱好或是专业学习，都可以成为手边的一本工具书。

技艺的学习基本都有一个“摹—改—创”的过程。从学习和临摹经典作品开始，逐渐加入自己的理解与创意，再到创新、自然形成自己的风格。不论手鞠还是其他的艺术形式，作品往往都是作者内心的投射。我在制作手鞠的这些年，也体会到了内外探索与沟通的过程，手鞠让我更加了解和成为我自己。

最后谨以此书感谢我的先生吴昊，从最开始制作手鞠到现在，一直给我极大的支持和鼓励。感谢我的手鞠老师黄秀娟，指导我走上了手鞠专业的道路，并为本书提供了很多精美的作品展示。感谢乐丰文化传媒的伙伴提供团队支持。感谢好友“宁之 · 茶事物语”和“南山里茶空间”，友情提供拍摄场地。感谢所有对本书提出了宝贵意见的亲朋好友。感谢出版社能让此书得以美好地呈现。特别感谢我的导师徐艺乙先生，手鞠路上一直为我指引方向。

从治愈开始，因为热爱一直在路上。不忘初心，澄净自在，便是“澄心”。期待在手鞠的道路上，有越来越多的同行者，一起见证更多的可能性。

孙湉

2022 年 秋

目录

作品教程目录

终于能和手鞠一起
玩耍，好开心~

伊布，

是个懂事的猫孩子，

仿佛知道手鞠对我的重要性，

从来不在工作室捣乱。

七彩（图上）

卷绣、松叶绣、缎面绣

烟花（图下）

松叶绣

（以下作品未标注均为作者制作）

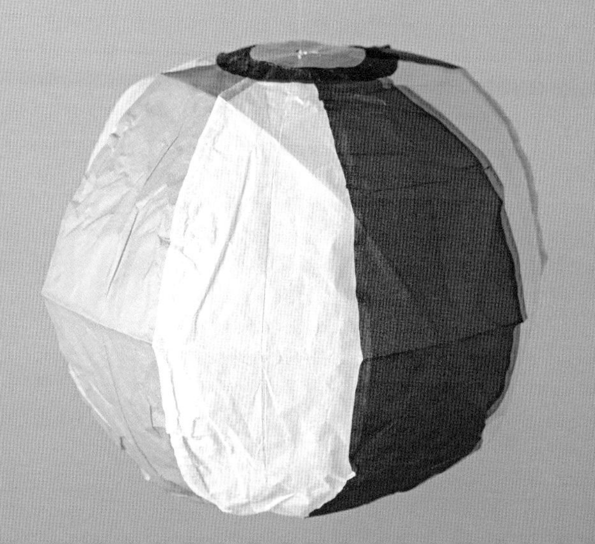

童趣

卷绣

拨浪鼓 黄秀娟 作

轮廓绣、结粒绣

雏菊

千鸟绣

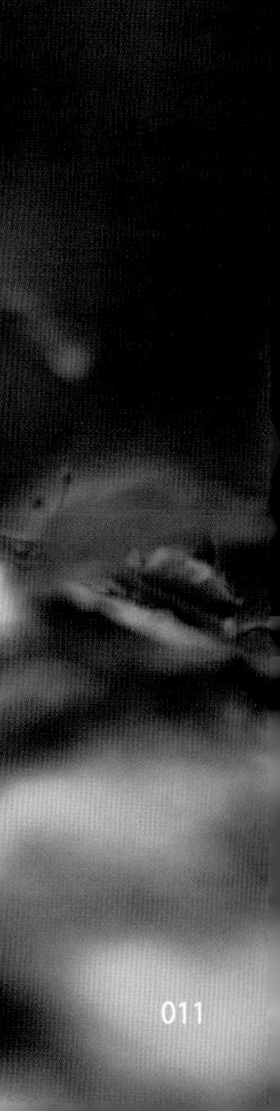

春芽

上下同时绣、千鸟绣

阿玉的手鞠

上挂千鸟绣、卷绣、千鸟绣

玫瑰

平挂绣、松叶绣

紫阳花开

平挂绣

八芒星

下挂千鸟绣、卷绣、千鸟绣

三羽根龟甲

三羽根龟甲绣、上挂千鸟绣

星灿

星绣、卷绣、千鸟绣、松叶绣

星灿挂饰

星绣、卷绣、千鸟绣、松叶绣

圣诞

星绣、缎面绣、平挂绣

（照片创意源自 YUHAN、做手鞠的兔）

时光穿梭

纺锤绣、缎面绣、卷绣、千鸟绣

荷塘夏趣

纺锤绣、上挂千鸟绣、平挂绣、千鸟绣、珠绣

麻叶

麻叶绣

麻叶挂饰

卷绣、麻叶绣

十字路口

连续绣、松叶绣

秘密花园

连续绣、平挂绣、扭绣

十里桃花

上挂千鸟绣、交叉绣、松叶绣

紫罗兰星斑

平挂绣、交叉绣

山茶花

星绣、平挂绣、交叉绣、扭绣

幻想花

平挂绣、扭绣

朝颜

一笔绣、松叶绣

银杏

漩涡绣

云气

漩涡绣、麻叶绣

瑞鹤

松叶绣

Bee Together

平挂绣、缎面绣、直线绣、立体编织绣

敦煌

乱针绣、千鸟绣、上挂千鸟绣、
平挂绣、雏菊绣、轮廓绣

Flow 流动
连续绣、松叶绣、星绣、平挂绣、交叉绣

龟甲花菱

平挂绣、缎面绣

编织的吉祥·传统纹样

平挂绣、麻叶绣、松叶绣、交叉绣、扭绣、直线绣

编织的吉祥·竹编

麻叶绣、扭绣、直线绣

生意盎然 黄秀娟 作

卷绣、扭绣、直线绣、结粒绣

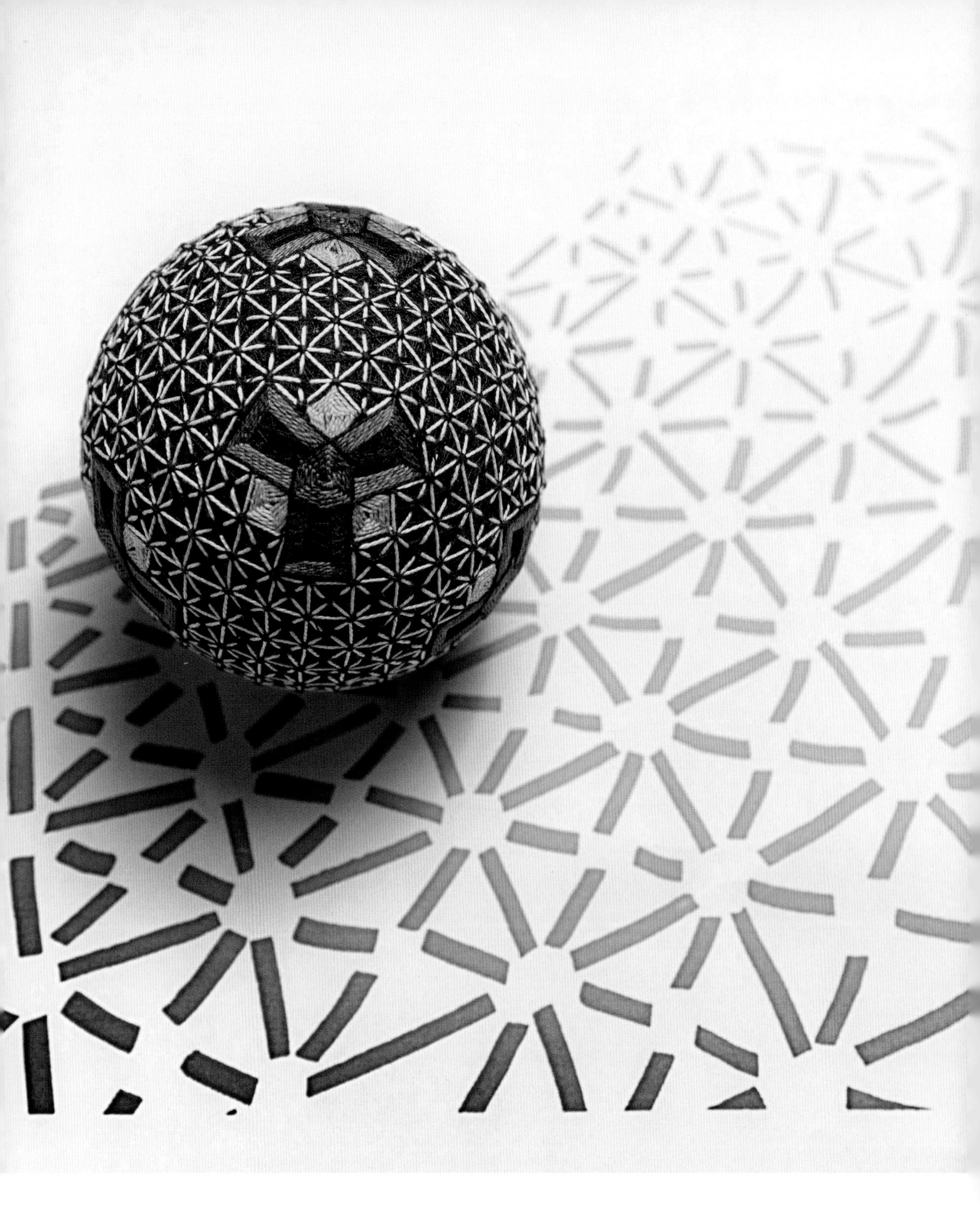

织造 黄秀娟 作

一笔绣、直线绣、松叶绣

时间的空间 黄秀娟 作

平挂绣、松叶绣、直线绣

天空之城 黄秀娟 作

平挂绣、卷绣、结粒绣、直线绣、轮廓绣、缎面绣、种子绣

线游 黄秀娟 作

连续绣、扭绣

星愿 黄秀娟 作

平挂绣、卷绣、扭绣

椿 黄秀娟 作

一笔绣、平挂绣

聚合 黄秀娟 作

一笔绣、平挂绣、扭绣

鲤鱼旗 黄秀娟 作

纺锤绣、直线绣、轮廓绣

几何 黄秀娟 作

一笔绣、平挂绣、扭绣

达摩 黄秀娟 作

麻叶绣、轮廓绣、直线绣、纺锤绣

迷你手鞠人偶 黄秀娟 作

缎面绣、直线绣、轮廓绣、结粒绣、松叶绣

第 1 章

手鞠，起源于蹴鞠

手鞠，起源于中国的“蹴鞠”。“蹴鞠”是中国古代的一种球类游戏，“蹴”就是用脚踢，“鞠”是皮球，“蹴鞠”即用脚踢球的游戏和体育活动。然而人们玩球并不是只用脚，起初是用手，如弄丸、抛球、步打球等，后来才用脚踢球，出现了蹴鞠。蹴鞠在唐朝时随“遣唐使”传入日本，演变发展成为手鞠，成为贵族女子和孩童的玩具，并逐渐普及至民间。手鞠将刺绣技法和几何美学相结合，以球面艺术为表现形式，在日本已成为一门传承千年的手工艺术。

“**手鞠**”一词最早见于 12 世纪的日本书籍《平治物语》。早期的手鞠主要是皇室贵族女子们手中抛玩的玩具，而后发展流传为孩童的玩具和祝福品。伴随手鞠歌谣的记载，至今仍有许多手鞠的风俗流传下来。在新年等重大节日和新婚之时，会摆放手鞠作为新年祝福和祈愿；每年的三月三日，是日本的传统节日——女儿节，因为圆形的手鞠象征了圆满，以祈求女孩健康成长和一生幸福。一些地区仍会用手鞠作为整个节日时期的装饰，最具代表的是有盛大节日气氛的福冈县柳川市女儿节“雏祭”。

19 世纪末期，随着橡胶球的普及，手鞠不再作为玩具而流行。然而人们仍热爱制作手鞠，这使得手鞠的针法设计和装饰技巧通过一代代人手手相传。现在的手鞠，已成为备受喜爱和欣赏的手工艺术品，人们将它作为带来好运和象征幸福的礼物而互相赠送。近年来手鞠在中国不断发展，中国的手艺人将传统图案和中式美学赋予手鞠，使其焕发了新的活力。

2021 年日本福冈县柳川市女儿节官方宣传图。图片来源于网络

手鞠的制作分为三个步骤：**缠制素球、定位分球和绣制图案。**

缠制素球是以棉花、泡沫、稻谷壳等为内芯，以细棉线缠绕成球体。后续制作的定位分球和绣制图案都在素球上进行。素球的大小并无限制，取决于内芯的填充量和图案的需要。传统手鞠的尺寸多为适合手中玩耍的大小。

定位分球是将手鞠素球表面等分成若干区域，以这些区域和分球线作为绣制图案的参考。分球的作用类似于刺绣前绘制的图稿。根据图案设计需要，有简单的等分分球、组合分球和多面体分球。定位分球是手鞠几何美学的基础，也是手鞠独具特色的制作步骤。

手鞠图案的题材丰富多样，大致分为植物纹样、动物纹样、人形纹样、几何纹样、传统吉祥纹样和刺绣纹样。通过配色的变化，又可使同一几何图案表达出不同的主题。绣制图案是在分好球的素球上进行的。手鞠有其独特的绣制针法，包括基础针法 16 种，分别是：千鸟绣、上挂千鸟绣、下挂千鸟绣、平挂绣、上下同时绣、松叶绣、卷绣、三羽根龟甲绣、星绣、纺锤绣、麻叶绣、交叉绣、扭绣、连续绣、一笔绣、漩涡绣和其他刺绣技法。复杂的图案和形式变化，也脱离不了基础针法。

日本手鞠协会总部，作者拍摄

日本手鞠协会，成立于 1979 年，总部位于日本东京都世田谷区。创会长尾崎千代子，现任会长尾崎敬子。协会的成立旨在促进传统手鞠技艺的继承及其艺术性的提高与发展。在培养后继人才的同时，加深会员对手鞠艺术的理解，推动手鞠文化的国际交流。协会创立以来，收录解说日本各地风格手鞠作品，并出版专业手鞠书籍 30 余本。协会总部常设手鞠作品展厅。协会每年也会在世界各地开办展览和指导交流。

第2章 制作材料和工具

素球芯材

通过包裹各类芯材，用细线缠制成软硬适中的实心球就是手鞠的素球。手鞠的制作都是在素球上进行的。

1. 保丽龙球；2. 毛线（为保丽龙球铺底使用）；
3. pp 棉；4. eva 球；5. 薰衣草干花

保丽龙球是实心泡沫球，尺寸规格多样、质轻、价廉，非常适合新手缠制素球或制作大尺寸手鞠作品时使用。其缺点是出入针时容易卡出泡沫屑，因此需要通过毛线铺底来改善。

eva 球是国内手鞠爱好者使用的新种类泡沫球，相比保丽龙球更有弹性，不需要毛线铺底就可以直接缠绕素球。但出入针阻力较大且尺寸规格有限，更适合制作迷你手鞠。

pp 棉作为棉花芯素球的代表，是最常见的填充棉材质，短绒蓬松且不飞毛絮，缠出的素球具有弹性、出入针顺畅无阻并且重量适中。由于用棉花制作素球需要通过缠绕塑形成球状，因此需要一定的练习基础。

小颗粒芯材以**稻谷壳**和**薰衣草干花**为代表，天然且带有香料属性，使素球的美好从触觉上升到嗅觉。小颗粒芯材缠制出的素球都是没什么弹性的，其缺点在于出入针时阻力大，且非常容易发霉生虫。由于小颗粒芯材的特殊性，需要先用无纺布包裹后再缠绕成型。

了解了各种素球芯材的特性后，大家可以根据喜好自行选择。另外，木棉、水果网套、羊毛球等所有适合塑型成球状的材料，都可以尝试作为素球芯材。各类芯材的缠制方法在第 3 章的缠制素球部分有详细演示。

线　手鞠用线的种类主要分为素球线、分球线和绣线。

素球线越细，缠出的素球表面就越细致光滑，完成的作品针脚也更显细腻。常用 402 缝纫线为素球线。

分球线和绣线的使用由图案决定。材料是纹样的灵魂，通过使用不同种类的分球线和绣线来实现图案所需的表现力。一般来说，分球线和绣线的粗细不小于素球线的粗细。新手可以使用较粗的绣线，更有利于制作。

1. 402 缝纫线；2. 金属线（用于分球或装饰）；
3. 8 号绣线（通常编号越大线越细，例如 8 号线细于 5 号线）；
4. 5 号绣线；5. 植物染绣线

工具

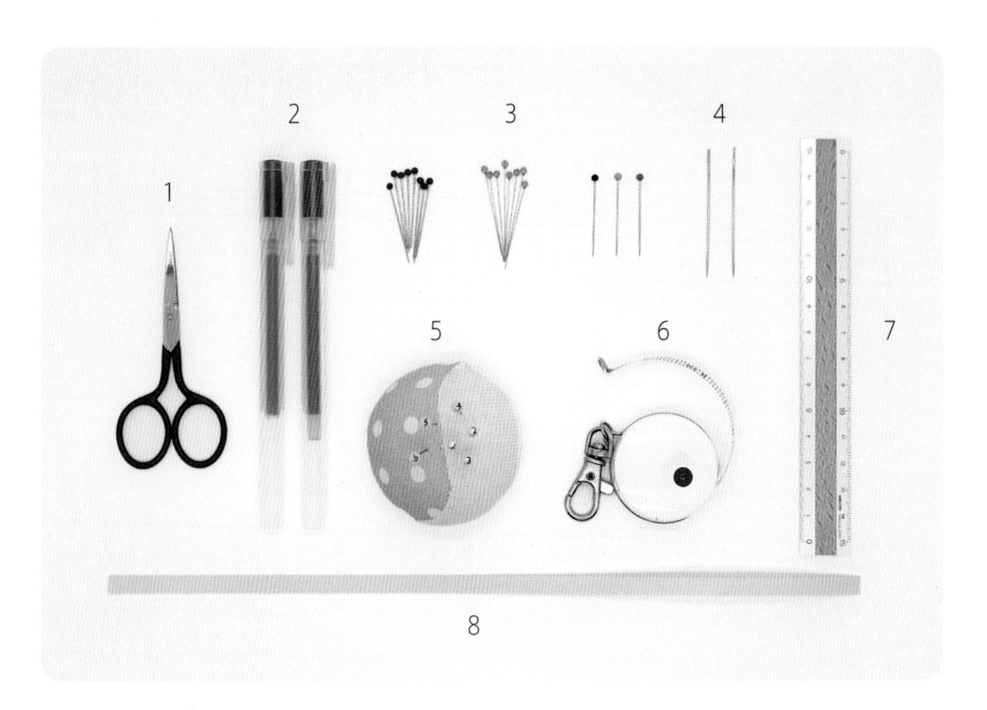

1. 剪刀；
2. 笔；
3. 珠针（北极、南极、赤道可以使用不同颜色珠针定位。多面体分球使用极细珠针定位更准确）；
4. 针（长度 6cm 左右的大孔眼针）；
5. 针扎；
6. 卷尺；
7. 直尺；
8. 分球纸条（宽度 7mm 左右，长度需长于手鞠周长）

第3章

从缠制素球开始——手鞠制作的第一步

手鞠制作的第一步就是缠制素球。素球就像绘画前准备的画纸和刺绣前准备的绣布，手鞠的制作都是在素球上进行的。素球的尺寸决定了手鞠的大小，因此素球并没有统一的尺寸，而是由绣制的图案和设计的需要来决定的。

理论上所有可以被塑型且易于出入针的材质都可以作为素球芯材。早期的手鞠球芯大多就地取材，诸如衣物边角料、干草等各种植物纤维、海绵等，不同芯材的素球弹性各不相同。现在制作手鞠多以保丽龙球和 pp 棉为芯材。

在第 2 章的“素球芯材”中，我们介绍了几种主要芯材的特点和优劣，下面就来一起缠制素球吧！

缠制泡沫芯材素球

1 为了便于出入针，我们用粗毛线缠绕保丽龙球来铺底。用左手拇指按住线头，右手拉毛线绕球体一周，压住线头。为便于演示，我们使用了黑色毛线，实际应使用白色或接近素球线颜色的毛线。

2 左手控制球体慢慢旋转，右手将毛线均匀缠绕在球体表面。开始缠绕的几圈稍微用力，使毛线紧紧附着在球面。注意不断变换方向缠绕，不要让毛线堆积在一处。

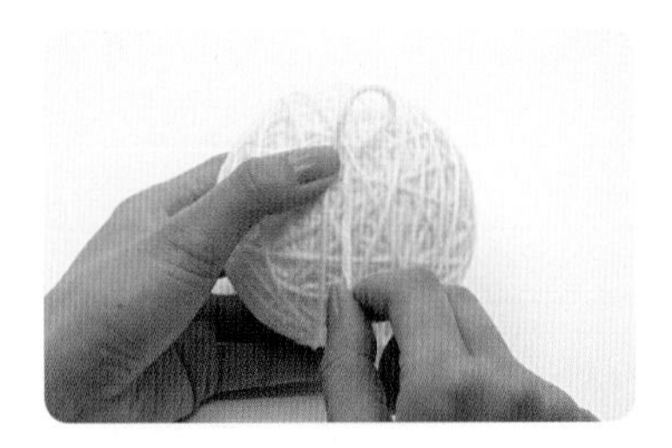

3 当毛线均匀覆盖球面时，剪断毛线，将线尾折压固定在其他毛线下。

4 毛线铺底完成。

5 均匀地、不规则地缠绕素球线，避免用力过猛，绕线力度以素球线不松脱即可。毛线相交处若有凸起，可用手指按压调整，确保球面平整且为圆球状。

6 整个缠绕过程中，避免在同一个方向反复绕线。否则分球线在局部堆积，不利于缠成圆球状，后期绣制图案也会难以固定针脚。

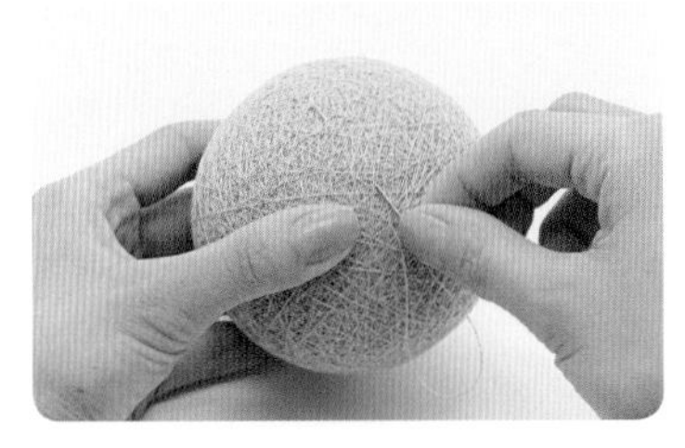

7 当素球线完全覆盖住毛线时，再稍微用力缠绕几圈，最后剪断素球线，将线穿针，在球体内往返几次固定线尾。（收针方法见本书第086页“收针”）

8 素球缠制完成。

缠制棉花芯材素球

1 将松散的 pp 棉在手中按压聚集在一起。

2 用粗毛线缠绕棉花，方法同泡沫芯铺底，但要更为用力，毛线不需要覆盖住棉花，使棉花均匀结实地聚集成一团即可，便于接下来将之缠成圆球状。

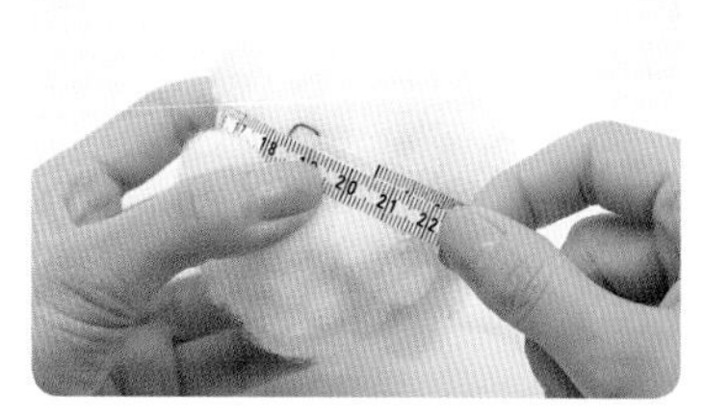

3 用卷尺测量周长，如果尺寸不够可以在表层添加棉花。

4 均匀地、不规则地缠绕素球线，方法同缠绕泡沫芯素球。缠绕中不断调整圆度，将凸起的棉花按压下去。

5 继续边绕线边调整圆度。

6 一直缠绕到素球线完全覆盖住棉花，收尾，方法同缠绕泡沫芯素球。素球缠制完成。

缠制薰衣草干花等小颗粒芯材素球

1 用无纺布包裹薰衣草干花颗粒。

2 取素球线直接缠绕，同样均匀地、不规则地绕线。

3 边绕线边调整圆度。后面的步骤同泡沫芯材素球的缠制。

大尺寸素球及混色素球的缠制技巧

缠制大尺寸素球时，仅靠两手掌难以控制球体，**可以将素球放在桌面或怀中以取得支撑，再不断滚动绕线**。绕线方法和要求同前面的缠制步骤一致。缠制大尺寸素球推荐使用保丽龙球铺毛线底来完成。

手鞠传承发展一千多年的历史中，手鞠的素球通常都是单一底色的。偶尔见到的混色素球大多是使用段染素球线或多股不同色的素球线同时缠绕所得。然而这种混色素球在使用时具有配色上的局限性，就好像在一块已经布满各种颜色的画布上，很难再画出精彩的画作。

由于素球是整球绕线而成，没法实现特定局部的色彩变化，因此笔者又做了其他方式的探索。借助染料是最为便捷的方式。造花或钩编使用的液体染料，可以轻松实现图案的局部点染（需要注意一些液体染料具有晕染性）。《敦煌》系列创作手鞠作品又做了新的尝试（见本书第 035 页作品），在需要变彩的素球部分进行乱针绣。乱针绣的部分会稍微高出素球表面，使图案更具立体感。由于乱针绣非常耗时，因此又在染料上做了更多尝试，《Flow 流动》手鞠便是代表。当图案设计需要较大面积改变素球颜色，且要求色块边界清晰时，纺织品颜料是很好的选择。

当素球打破单一颜色的局限，相应的图案设计也可以更加多元。在本书第 5 章最后的“彩蛋手鞠”部分，会详细教大家相应作品的制作。

第4章

定位分球——手鞠几何美学的基础

定位分球是将素球表面等分成若干区域，以这些区域和分球线作为绣制图案的参考。定位分球是手鞠几何美学的基础，也是手鞠独具特色的制作步骤。它的作用类似于刺绣前绘制的图稿。分球的准确性，很大程度上决定了最终图案的规整性。

开始分球之前，我们先将手鞠想象成地球仪。分球时，首先要确定球体的北极点、南极点和赤道。

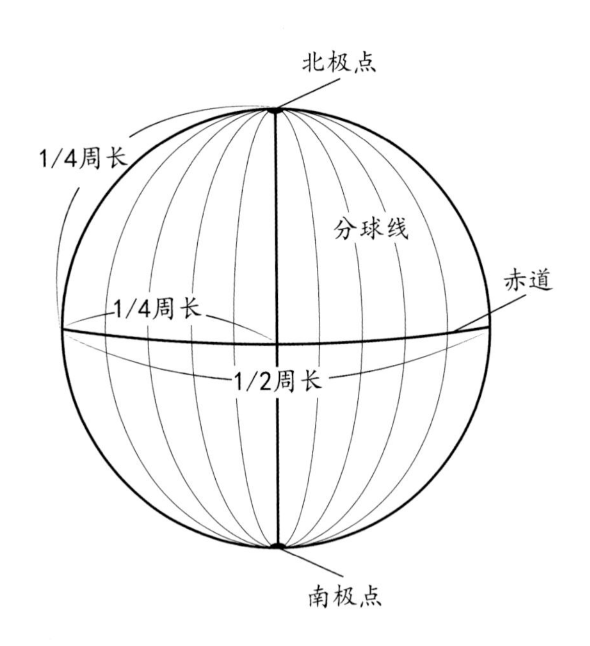

简单分球

简单分球是均等划分南北半球的分球方式，通过等分赤道将素球等分。这类分球绣制出的图案大多对称分布在南北半球。

4 等分 /8 等分 /16 等分，只需要一段纸条

当等分数为 2^n 时，如 4 等分、8 等分、16 等分、32 等分……借助纸条就可以完成分球。

确定北极点、南极点和赤道。

1 用珠针（黑色）将纸条一端中间固定在素球上任意一点，为北极点。

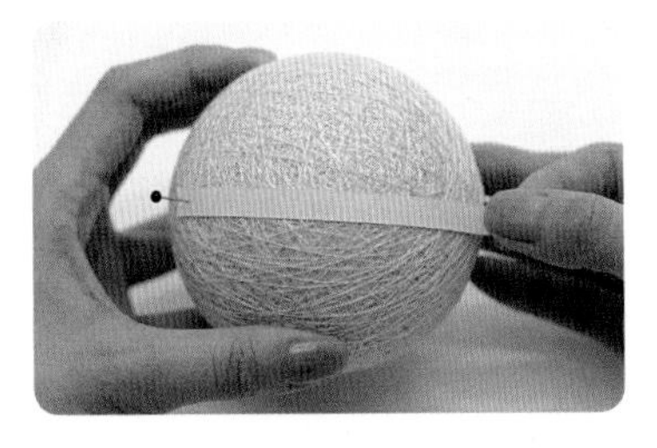

2 将纸条紧贴球面，绕赤道一周。

3 在北极点处折叠多余的纸条。注意：换方向用纸条多测量几次，以减少误差。

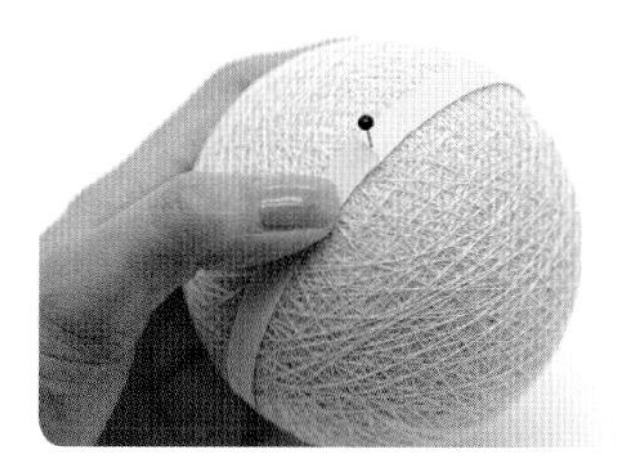

4 剪去多余的纸条，剩下的纸条长度（北极点到纸条另一端）即周长。

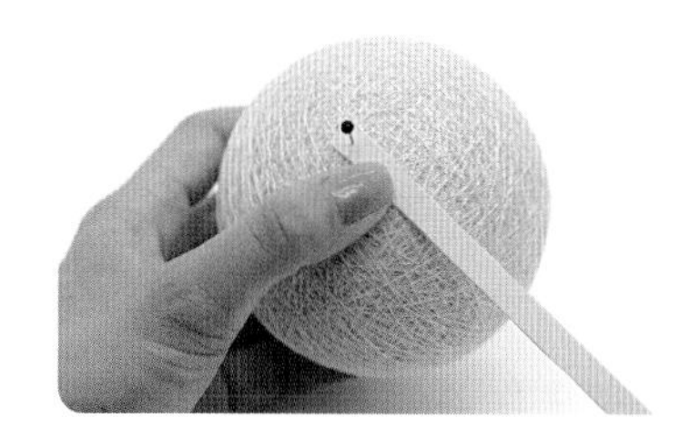

5 将纸条对折，得到周长的 1/2，折痕中心点即南极点。

6 用珠针（绿色）在对折的折痕中心定位南极点。将纸条换方向多测量几次，以保证定位准确。

7 至此，我们确定了素球的北极点和南极点。

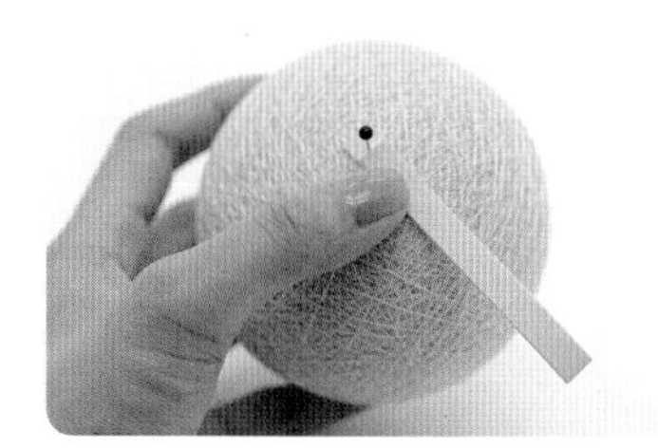

8 再次将纸条对折。

9 纸条 1/4 折痕的中心点，便是赤道点，用珠针（红色）定位。

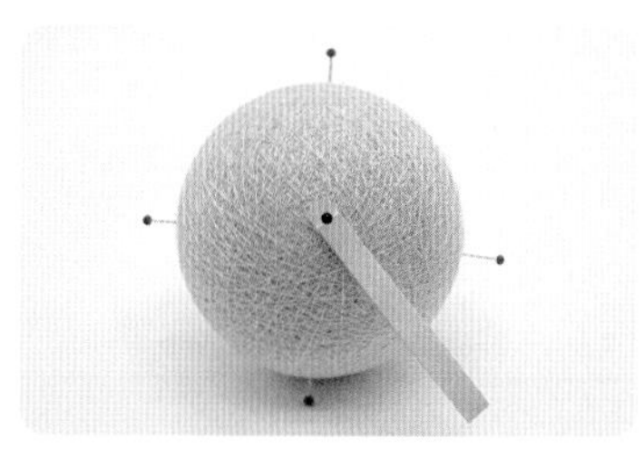

10 移动纸条，在四个方向定位赤道点，确定赤道位置。

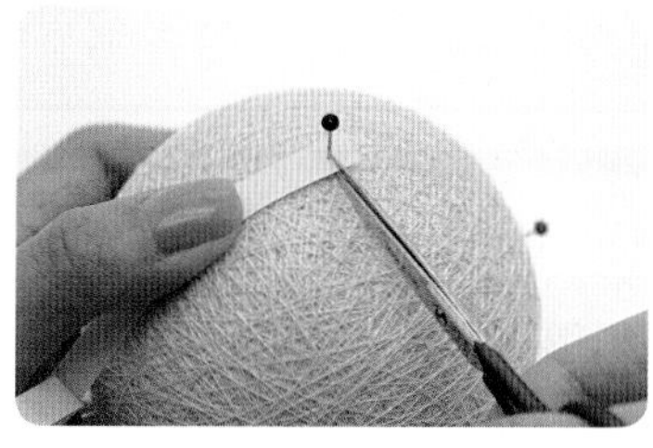

11 将北极处多余的纸条如图剪断，余下的纸条长即赤道长度。纸条留着备用。

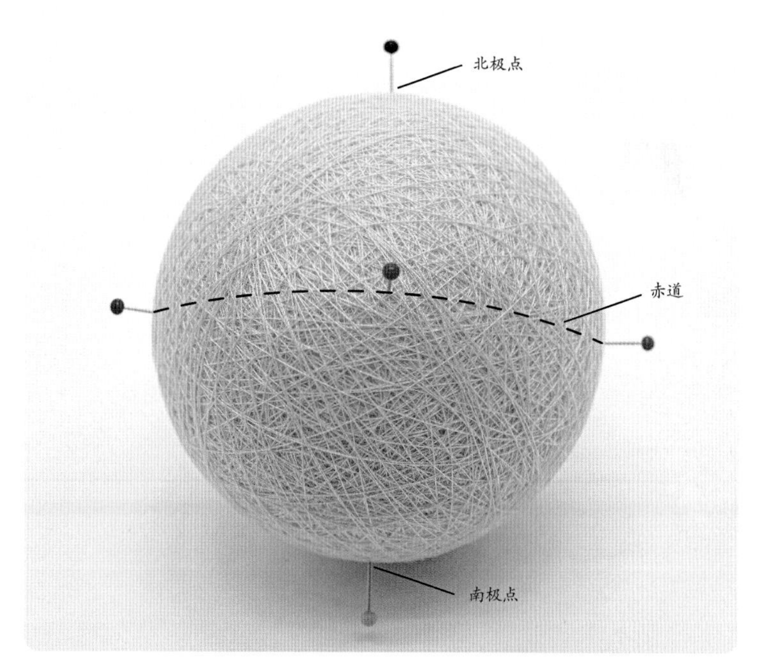

12 至此确定了素球的北极点、南极点和赤道。

4 等分

4 等分是最简单的等分方式。“等分”是指通过等分赤道将素球等分。

等分定位

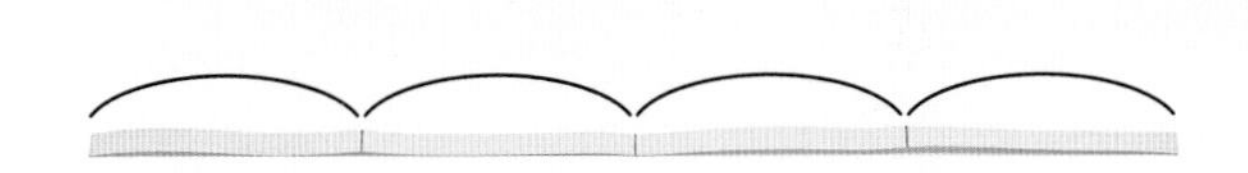

1 确定好北极点、南极点和赤道后，在纸条的 1/4 折痕处用笔做标记，即 4 等分线。

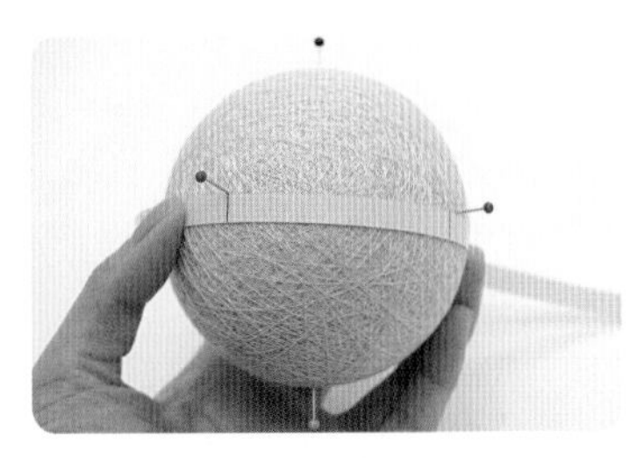

2 将纸条紧贴赤道珠针的下方，等分线对准赤道点。

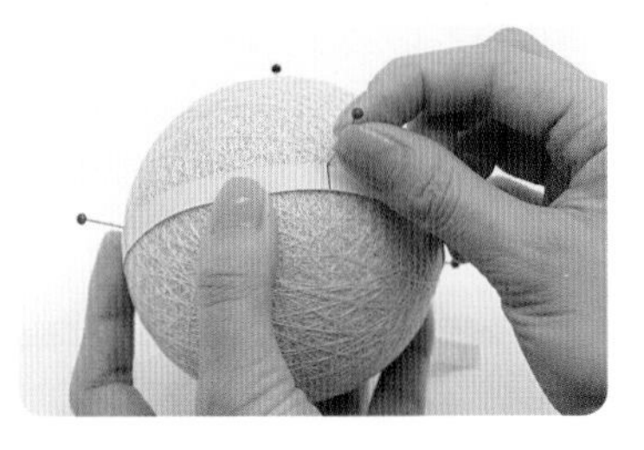

3 移动赤道珠针，使其与纸条上的 4 等分线标记对齐。

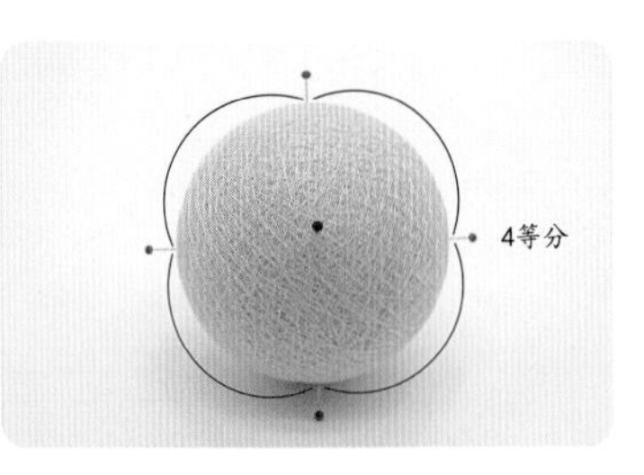

4 等分定位完成。

绣制分球线

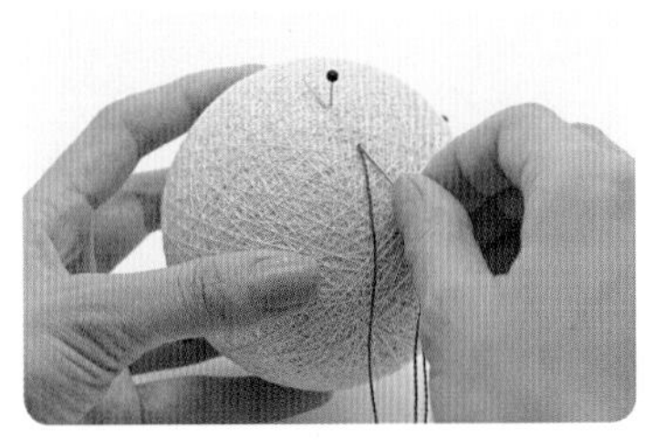

5 取分球线起针，在北极点处出针。（起针方法见本书第 086 页“起针”）

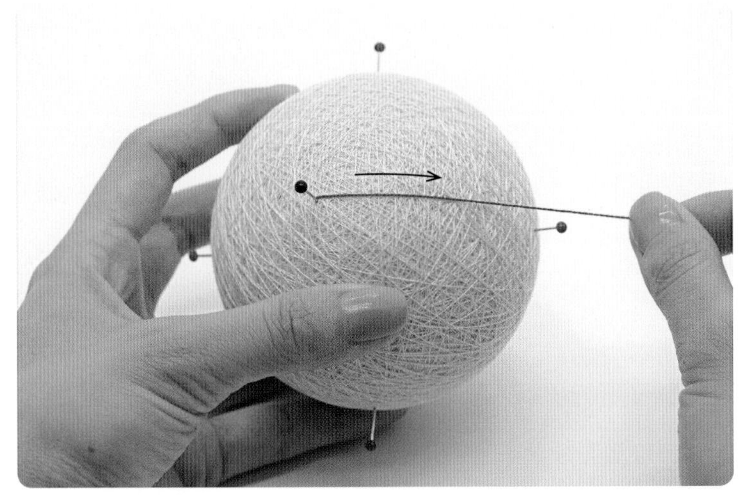

6 从北极点开始拉线，绕素球一周，依次经过赤道等分点、南极点，再回到北极点。稍微用力拉线，使分球线附着在球面不易滑动。

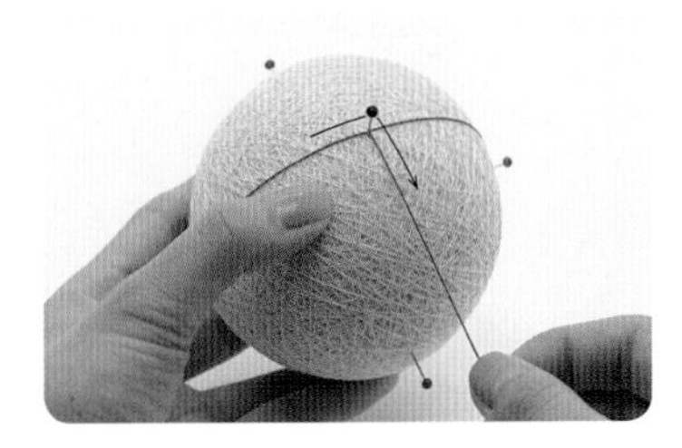

7 将分球线绕过北极点，沿直角方向继续拉线一周。

8 经过南极点时，挑起交点处的分球线和少量素球线，将垂直交叠的两根分球线做固定。

9 固定点如图所示，此时可以拔掉南极珠针。

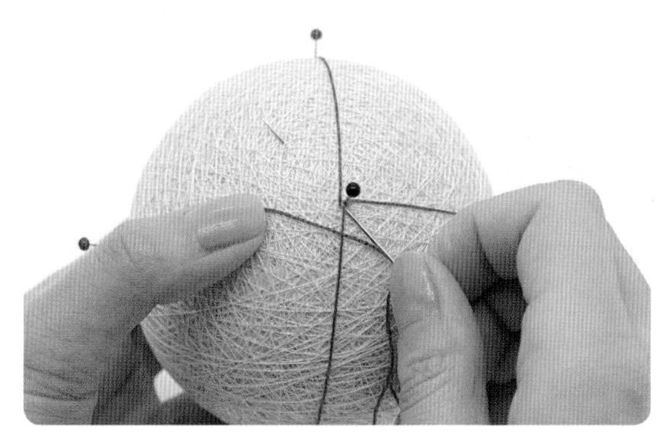

10 继续拉线通过赤道等分点，回到北极点，从交点分球线的右侧入针，固定分球线。

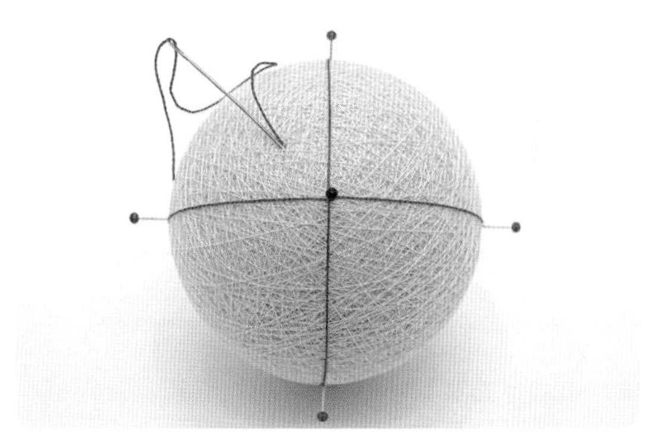

11 拉紧分球线，从出针点再次入针，在稍远位置出针，剪断多余的分球线。（收针方法见本书第 086 页“收针”）

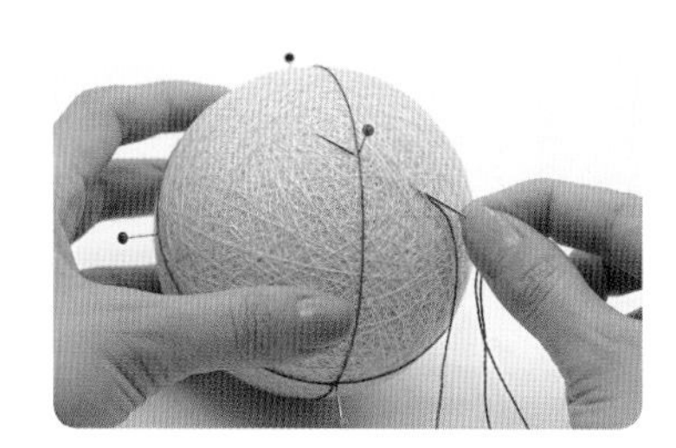

12 绣制赤道线。从任一赤道点分球线的左侧出针。

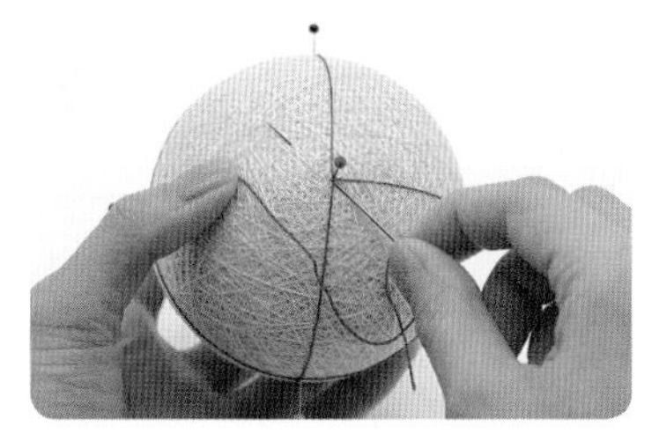

13 沿赤道珠针绕线一周，回到起始赤道点分球线的右侧入针，收线。

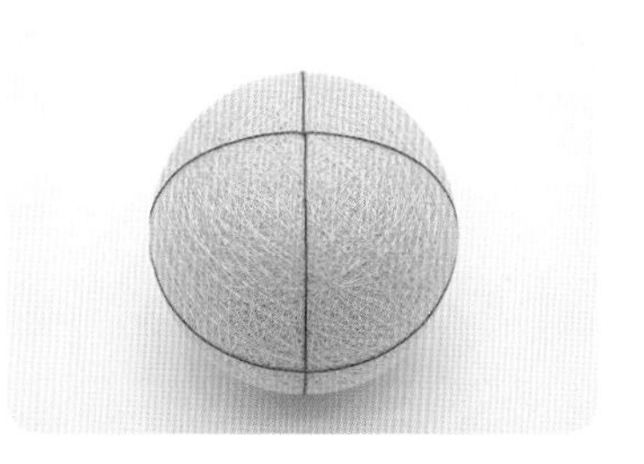

14 4 等分球完成。

8 等分

等分定位

1 参照本书第 064 页，首先确定北极、南极和赤道点。

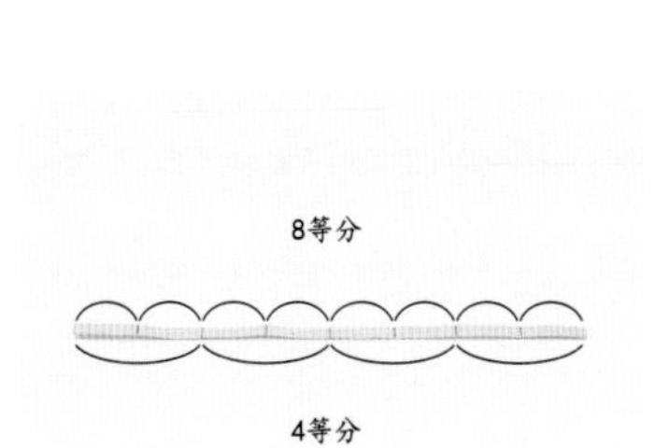

2 将纸条的 1/4 段再次对折，得到 1/8 折痕，在折痕处用笔做标记，即 8 等分线。

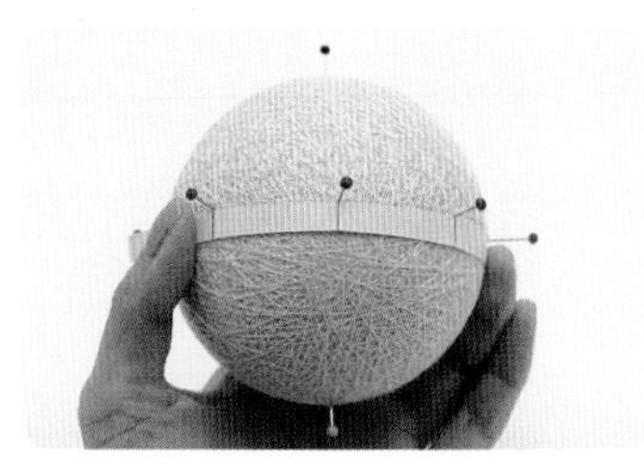

3 将纸条紧贴赤道珠针的下方，等分线对准赤道点。移动赤道珠针，使其与纸条上的 8 等分线标记对齐。

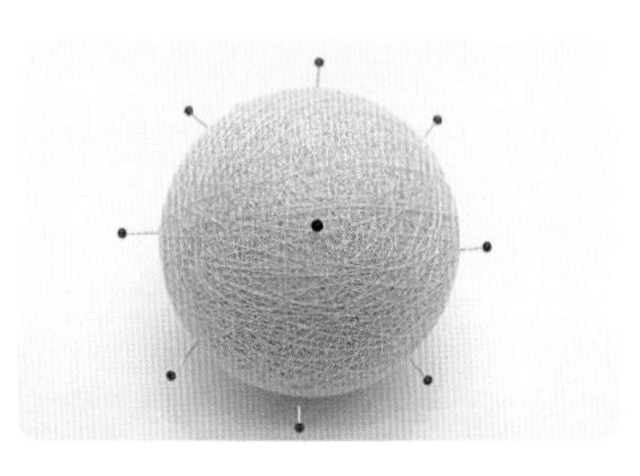

4 等分定位完成。

绣制分球线

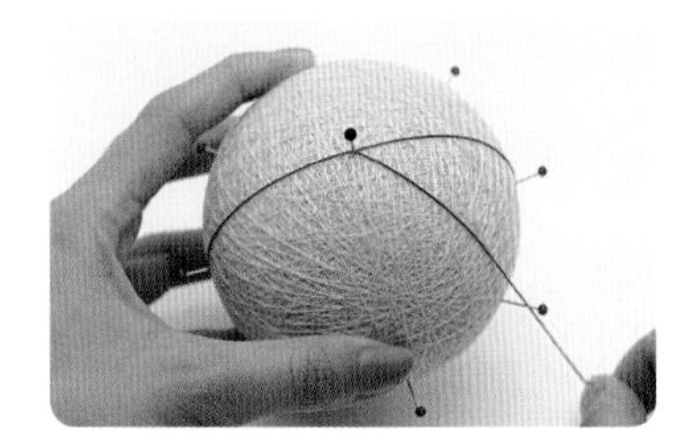

5 参照 4 等分的方法，起针拉分球线绕球体一周，第 2 圈时绕过北极点，顺时针（或逆时针）依次通过每一个赤道等分点拉线。

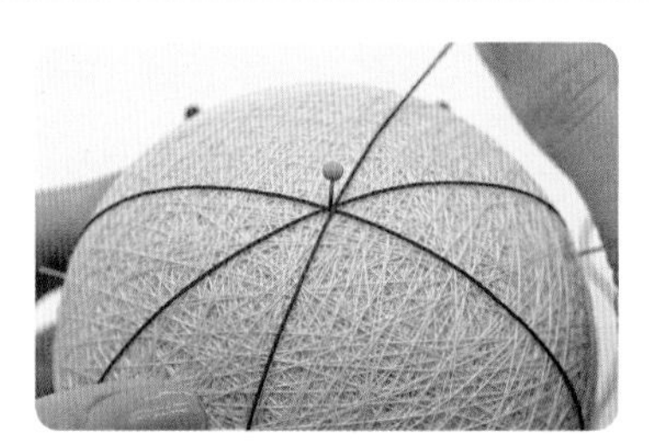

6 注意要将分球线集中在极点珠针的同一侧。

7 当最后一圈分球线经过南极点时，从所有分球线的右侧入针，挑起所有分球线和少量素球线，将交汇在南极点的分球线做固定。

8 最后回到北极点，如图紧贴交点右侧入针，在稍远处出针收线，固定北极点处的分球线。

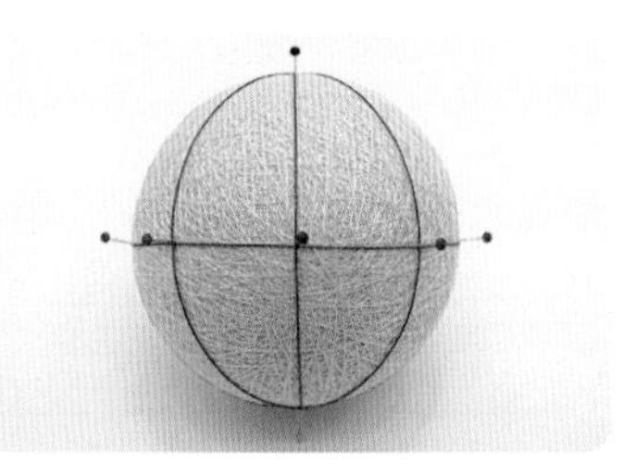

9 参照 4 等分的方法，绣制赤道。

10 8 等分球完成。

16 等分

在 8 等分的基础上，将纸条的 1/8 段再次对折，得到 1/16 折痕，参照 8 等分的分球方法即可分出 16 等分。

6 等分 /10 等分 /12 等分，还能只用纸条分球吗？

当等分数不是 2^n 时，不能完全借助纸条折叠来等分，此时需要尺子辅助测量。

6 等分

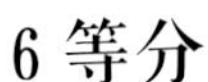

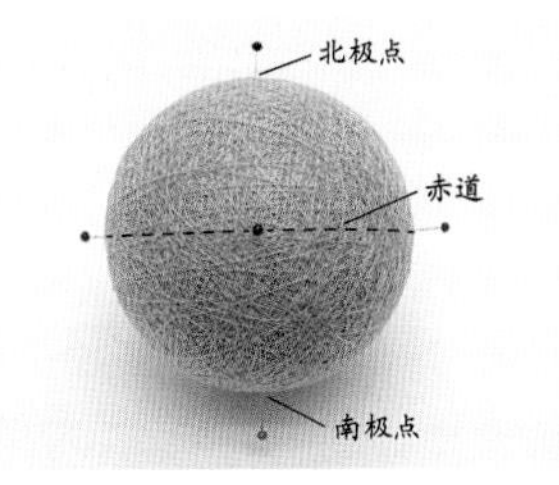

1 参照本书第 064 页，首先确定北极点、南极点和赤道。

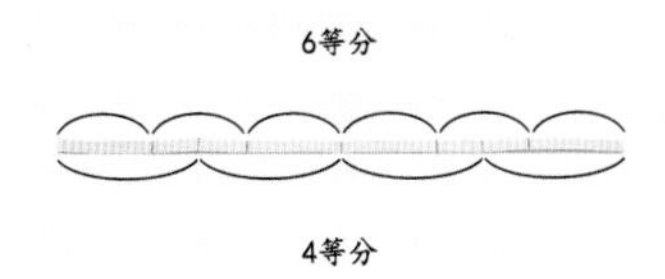

2 用尺子测量纸条长度（即素球周长），进行 6 等分并用笔画线做标记。

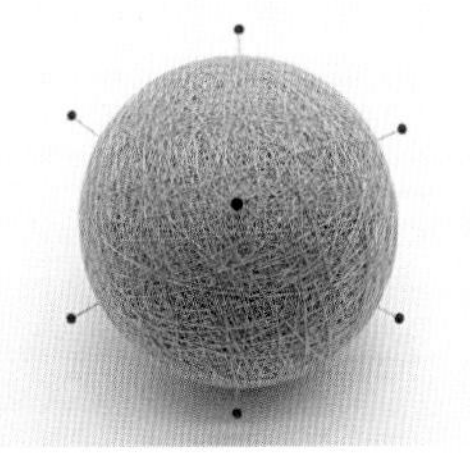

3 参照 4 等分和 8 等分的定位方法，完成 6 等分珠针定位。

4 绣制分球线，依次通过每一个赤道等分点。

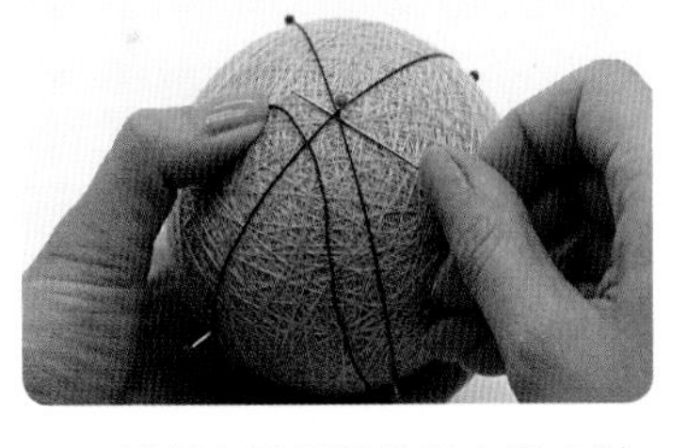

5 当第 3 圈分球线到南极点时，挑起所有分球线和少量素球线，将集中在南极点处的分球线做固定。

6 最后回到北极点，固定北极点处的分球线。

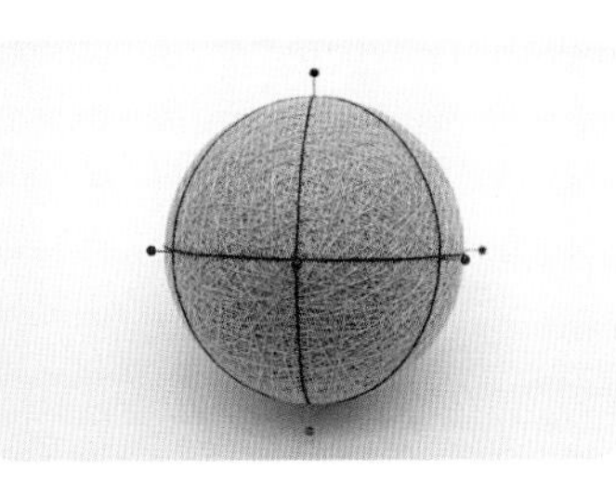

7 绣制赤道线。

8 6 等分球完成。

10 等分

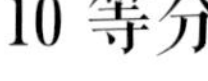

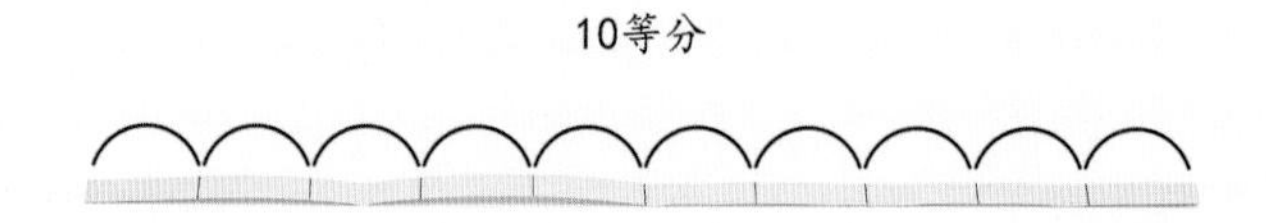

1 确定北极点、南极点和赤道后，用尺子测量纸条长度（即素球周长），进行 10 等分并用笔画线做标记。

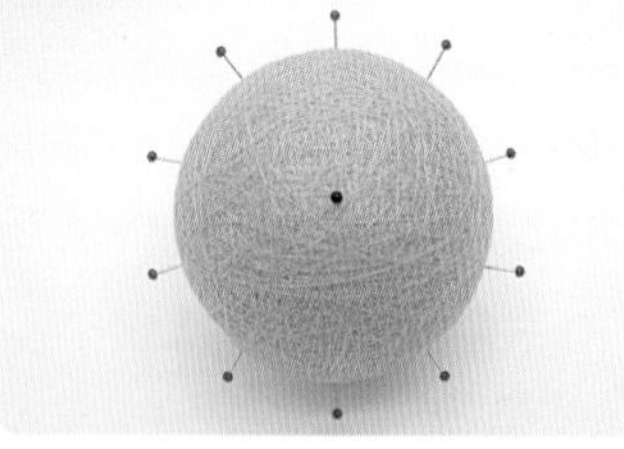

2 参照 4 等分和 8 等分的定位方法，完成 10 等分珠针定位。

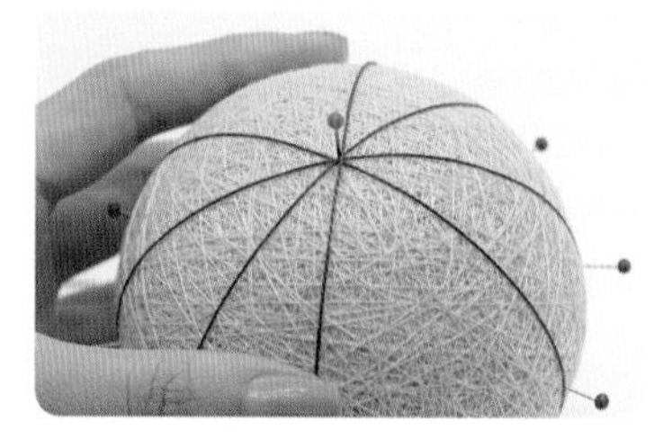

3 绣制分球线，依次通过每一个赤道等分点，注意：将分球线集中在极点珠针的同一侧。

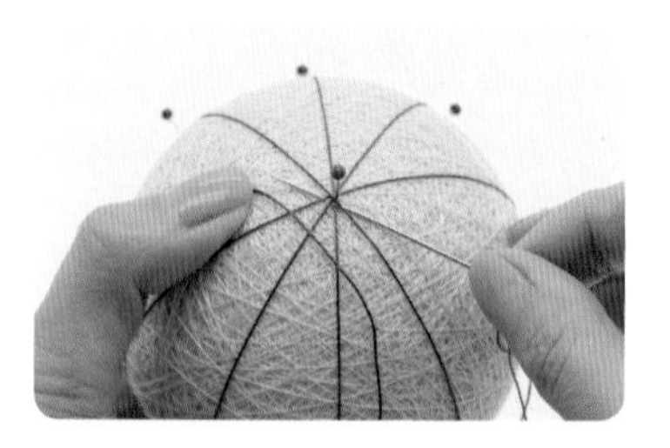

4 当最后一圈分球线经过南极点时，挑起所有分球线和少量素球线，将集中在南极点处的分球线做固定。

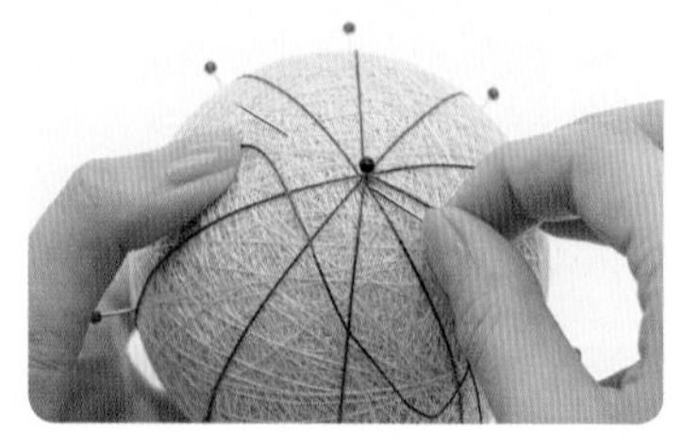

5 最后回到北极点，固定北极点处的分球线。

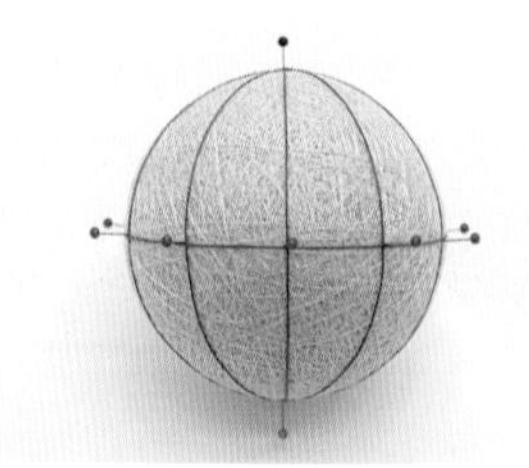

6 绣制赤道。

7 10 等分球完成。

12 等分

确定北极点、南极点和赤道后，用尺子测量纸条长度，进行 12 等分并用笔画线做标记，参照 6 等分和 10 等分的方法即可完成 12 等分。

组合分球

组合分球是在简单分球的基础上，通过改变极点位置、重复等分的步骤，将整个球面分区等分分割的分球方式。在绣制复杂的花纹时多用组合分球。

组合 8 等分

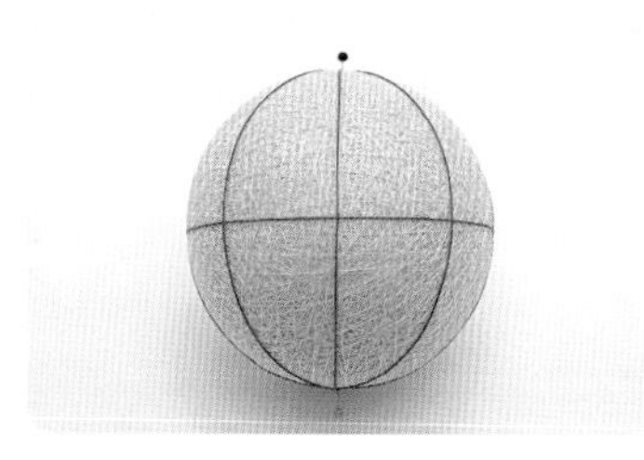

1 从一个 8 等分球开始。

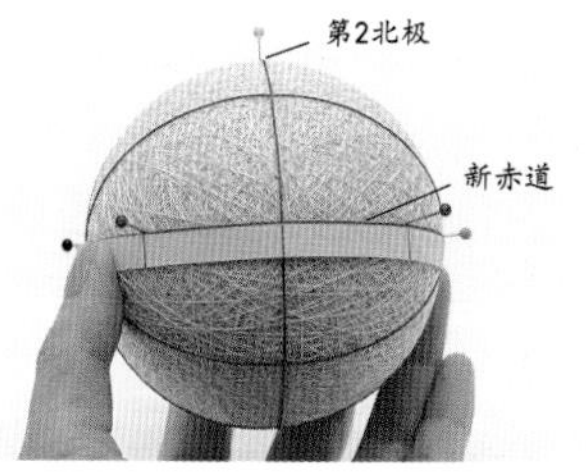
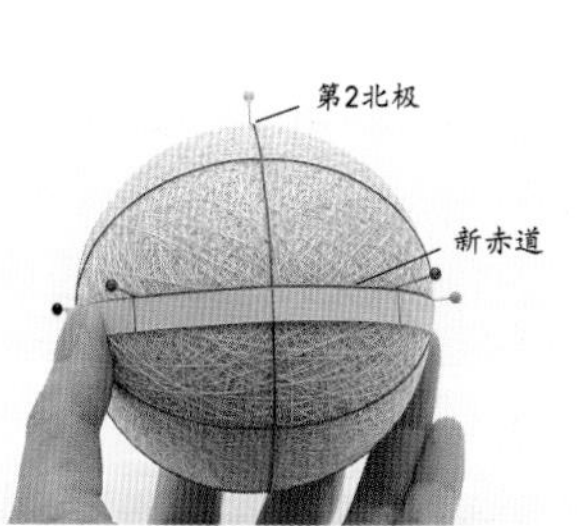

2 将任意一个赤道点作为第 2 北极点，找到相应的新赤道。用纸条将新赤道 8 等分，对应每一个 8 等分点定位珠针。

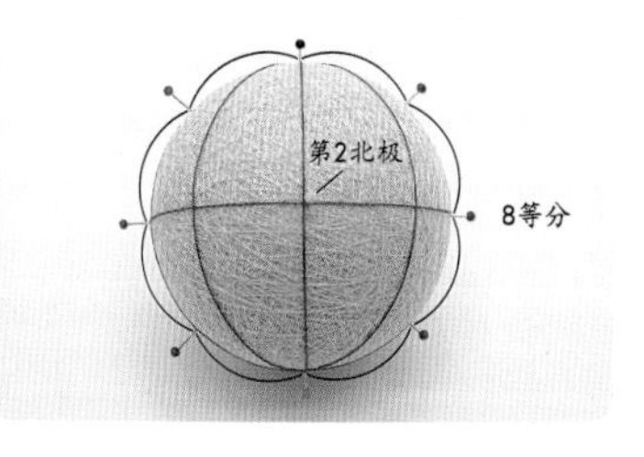

3 定位完成后，原来的南、北极点，变成了赤道 8 等分点。

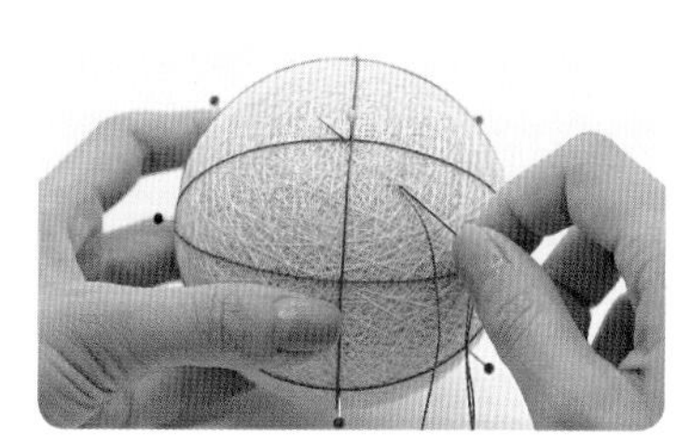

4 从第 2 北极出针。为了便于演示，我们使用了不同颜色的分球线。一般绣制分球线不需要换色。

5 出针后向反方向拉线，经过赤道珠针绕线一周，回到第 2 北极点。绕过珠针向第一圈分球线的垂直方向继续拉线一周。

6 在原有分球线的基础上，以第 2 北极点为起点完成 8 等分。绕线和极点固定方法同 4 等分。

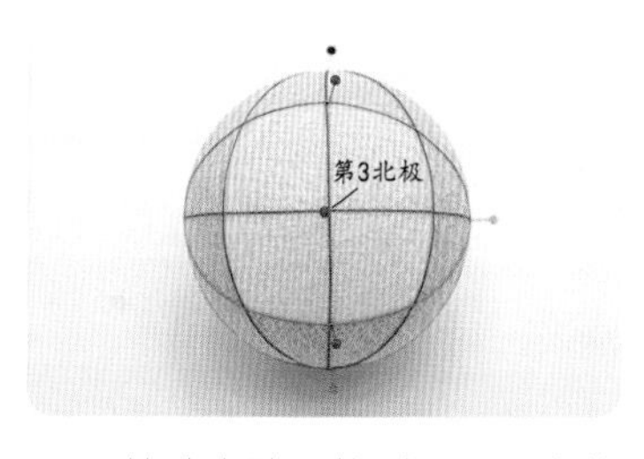

7 转动素球，找到“田”字格区域，以“田”字格的中心为第 3 北极点。

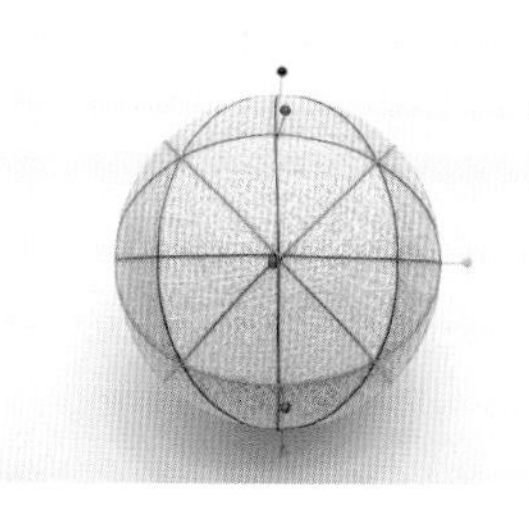

8 在原有分球线的基础上，以第 3 北极点为起点，再次完成 8 等分。此时“田”字格变成了“米”字格。

9 将“米”字格四角的分球线调整到一个交点，确定“米”字格是否上下左右对称。

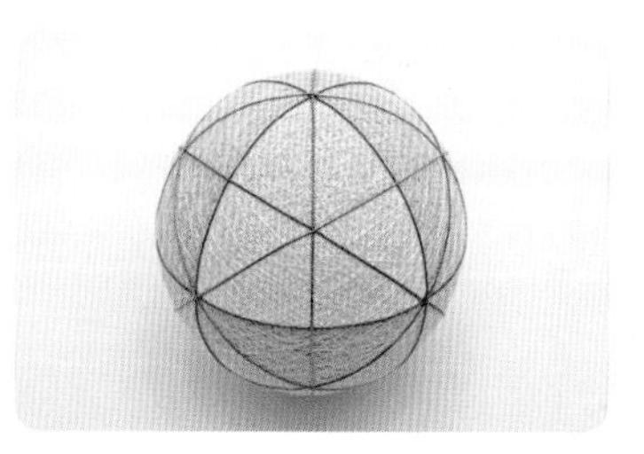

10 最后确认 6 等分的三角形是否对称。

11 组合 8 等分完成。组合 8 等分球包含：8 等分四边形 6 个，6 等分三角形 8 个，4 等分菱形 12 个，纺锤形 4 个。

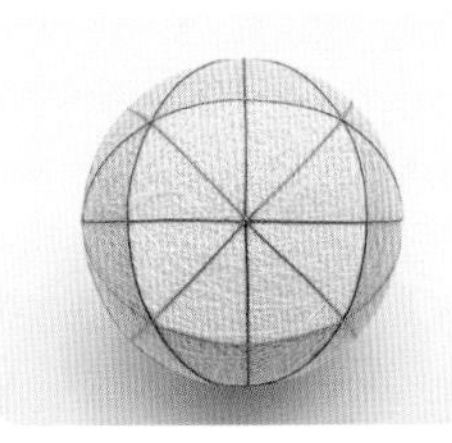

8 等分四边形 6 个

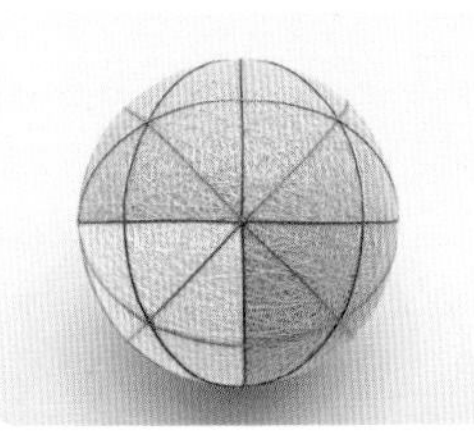

6 等分三角形 8 个

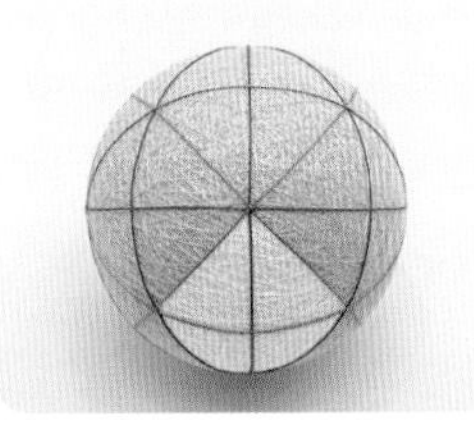

4 等分菱形 12 个

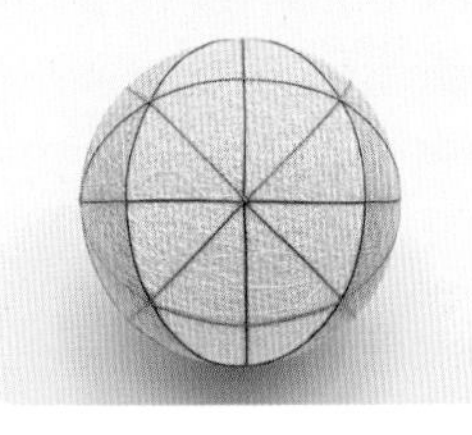

纺锤形 4 个

组合 10 等分

1 从一个没有绣制赤道的 10 等分球开始。

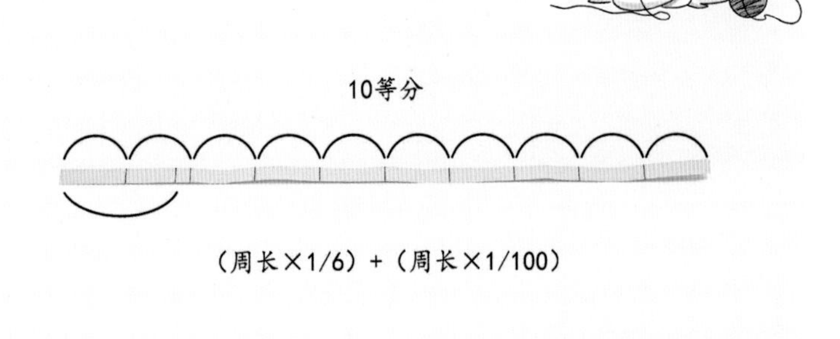

2 分球纸条上黑色标记为 10 等分点，用红色笔在（周长 ×1/6）+（周长 ×1/100）处标记。

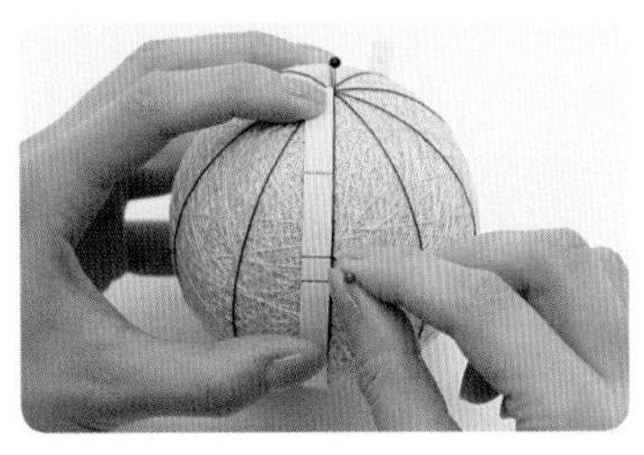

3 将纸条一端对准北极点，沿着分球线在纸条红色标记的位置插上珠针。

4 以同样的方法在每隔一条分球线的相同位置处插上珠针（红色），共 5 根。

5 再将纸条一端对准南极点，沿着刚才间隔的 5 根分球线，在纸条红色标记的位置定位珠针。

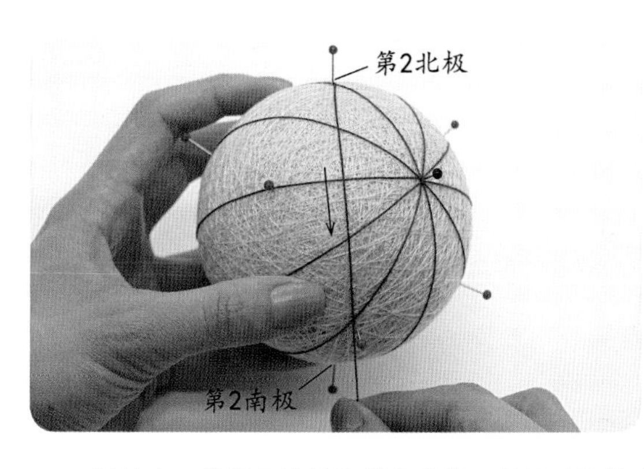

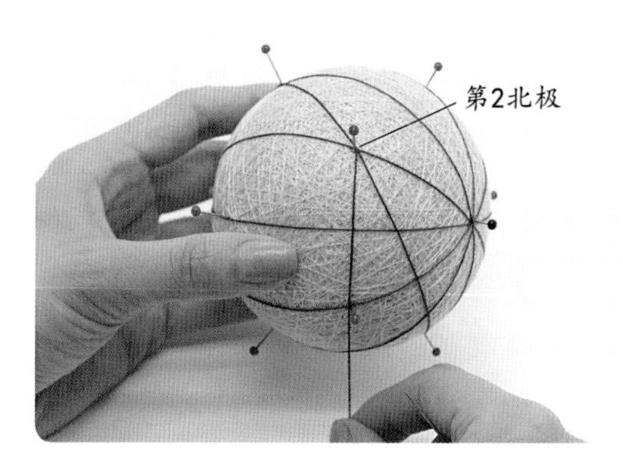

6 以其中一根红色珠针为第 2 北极，其正对面的珠针即为第 2 南极，我们从第 2 北极出针，继续绣制分球线，将球 10 等分。为了便于演示，使用不同颜色的分球线。

7 分球线经过第 2 南极点，回到第 2 北极点。绕过珠针，继续第 2 圈绕线。

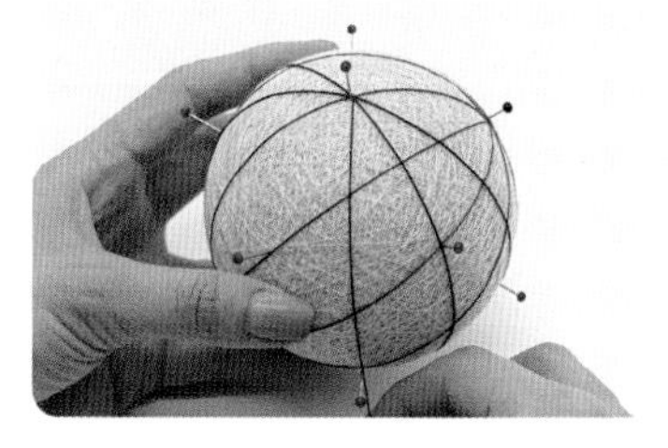

8 再次回到第 2 北极点，沿着同一方向转弯，继续第 3 圈绕线。

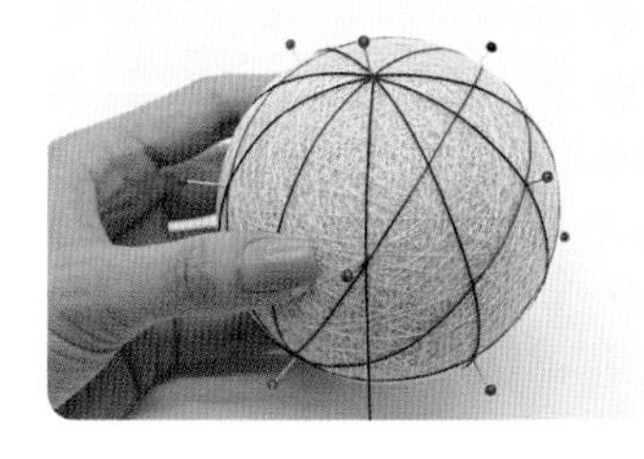

9 以同样的方法绕第 4 圈分球线。

10 当珠针点被 10 等分时，挑针固定交点处的分球线。

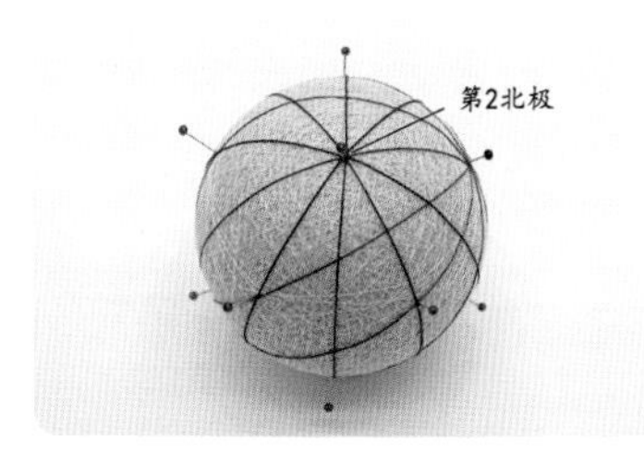

11 完成以第 2 北极点为起点的 10 等分球（原等分线也是 10 等分线的一部分）。

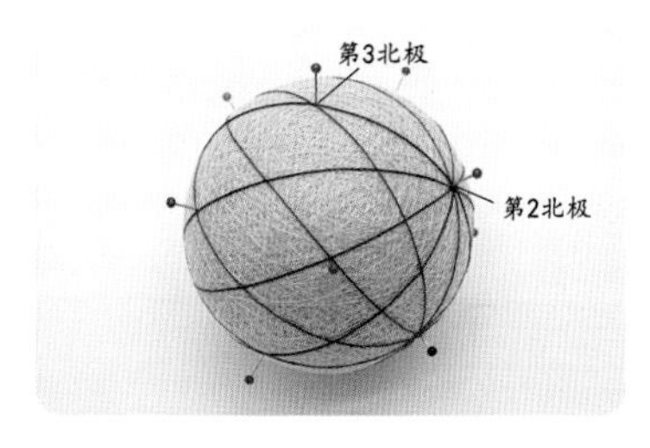

12 接下来，将临近第 2 北极点的珠针点作为第 3 北极点。

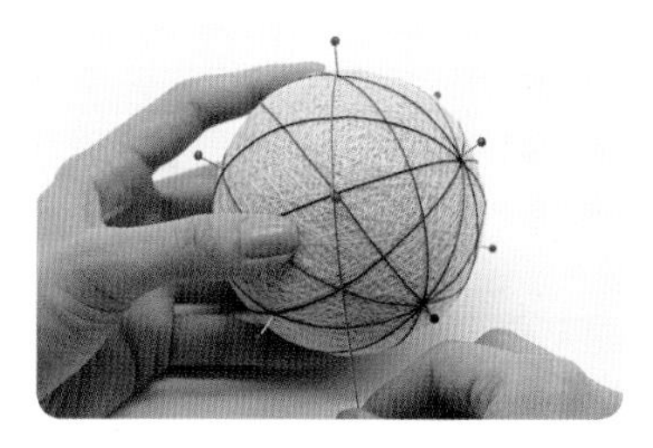

13 从第 3 北极点出针，同样沿着珠针点继续拉线绕球一周。

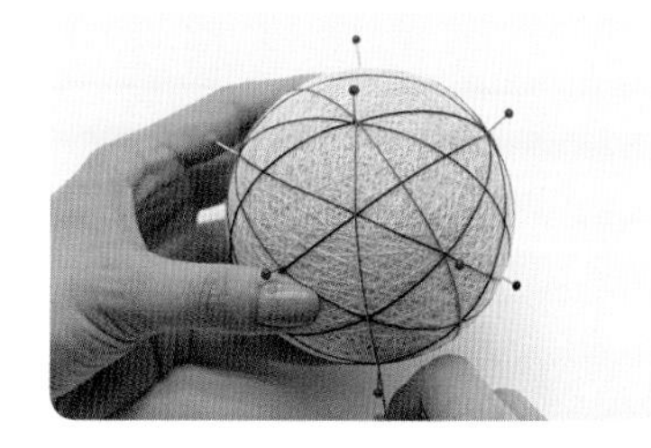

14 回到第 3 北极点，绕过珠针继续第 2 圈绕线。

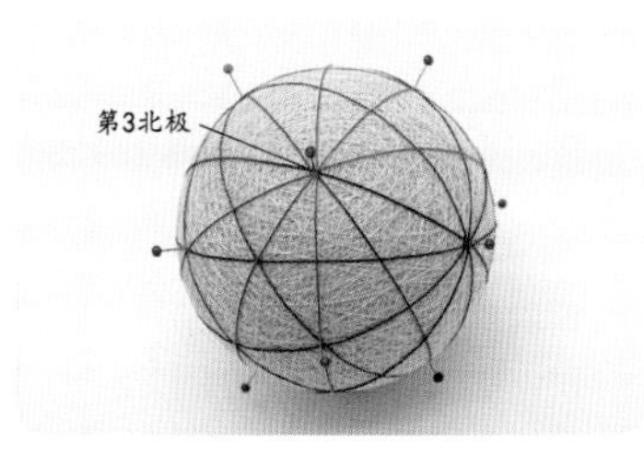

15 以同样的方法完成以第 3 北极点为起点的 10 等分球。注意：要挑针固定 10 等分的中心点。

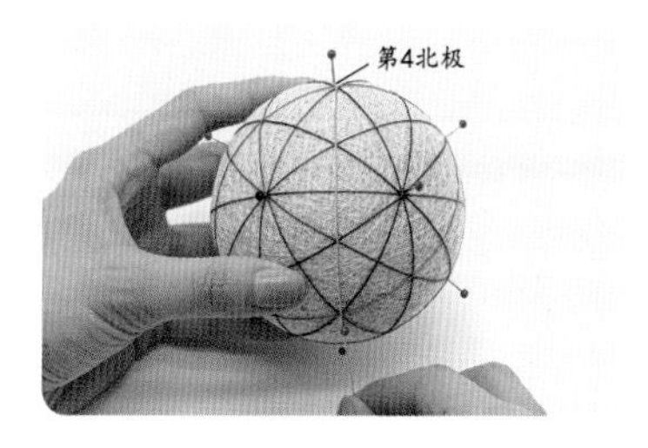

16 将临近第 3 北极点的珠针点作为第 4 北极点，再次出针绕线。

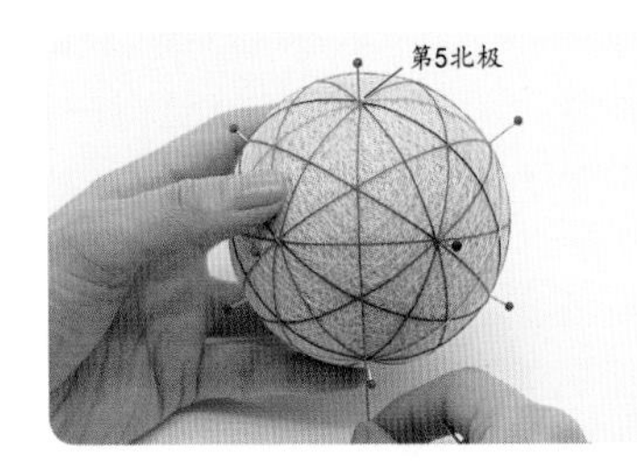

17 完成以第 4 北极点为起点的 10 等分球后，将临近未被 10 等分的珠针点作为第 5 北极点。从第 5 北极点出针绕分球线。

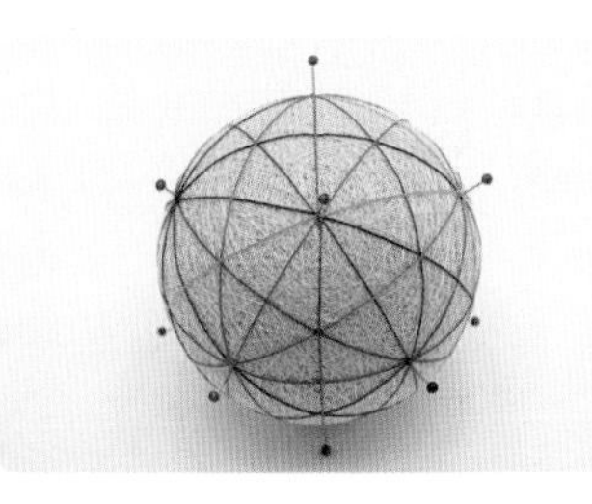

18 绣制好全部的等分线。

19 拔掉珠针，用针或手指微调分球线，确保每一个交点都是重合的，形成的五边形、三角形、菱形都是对称的。

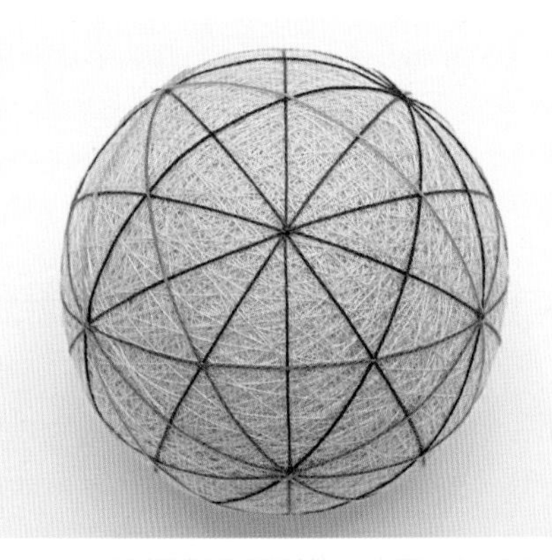

20 组合 10 等分球完成。组合 10 等分球包含：10 等分五边形 12 个，6 等分三角形 20 个，4 等分菱形 30 个。

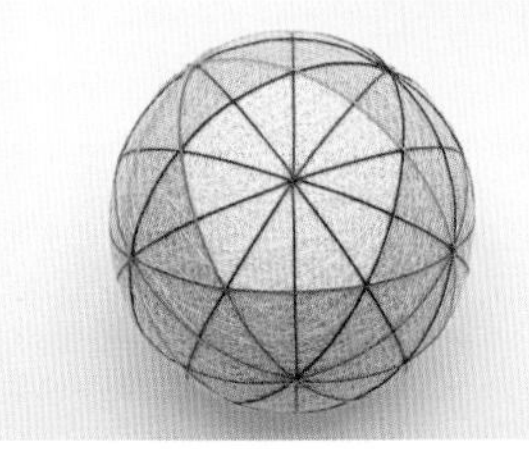

10 等分五边形 12 个

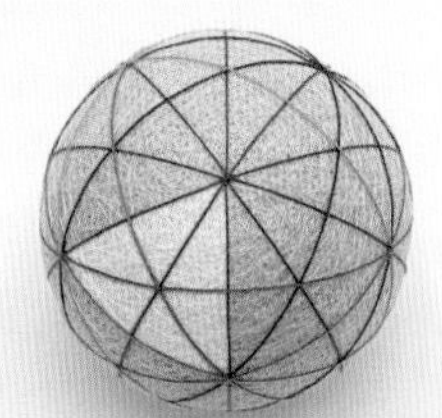

6 等分三角形 20 个

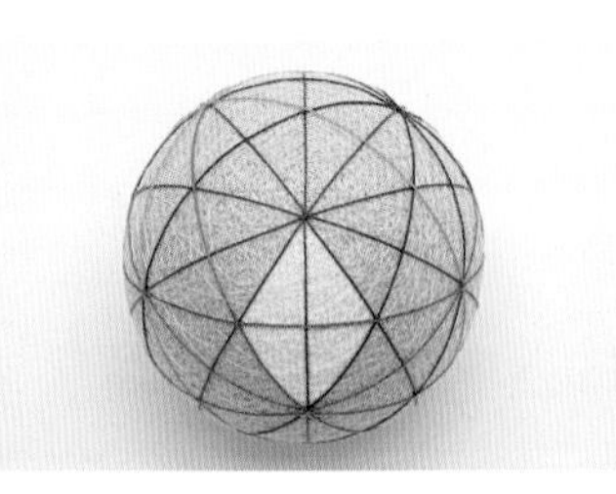

4 等分菱形 30 个

组合 6 等分

1 从一个没有绣制赤道的 6 等分球开始。

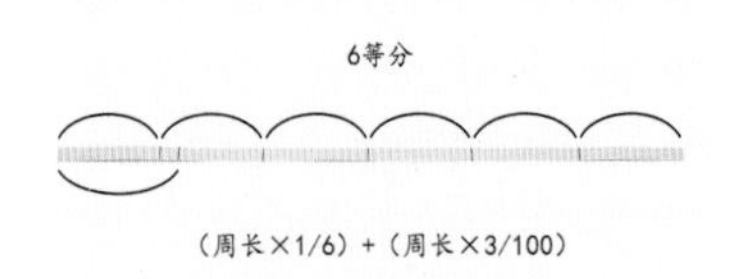

2 分球纸条上黑色标记为 6 等分点，用红色笔在纸条的（周长 ×1/6）+（周长 ×3/100）处标记。

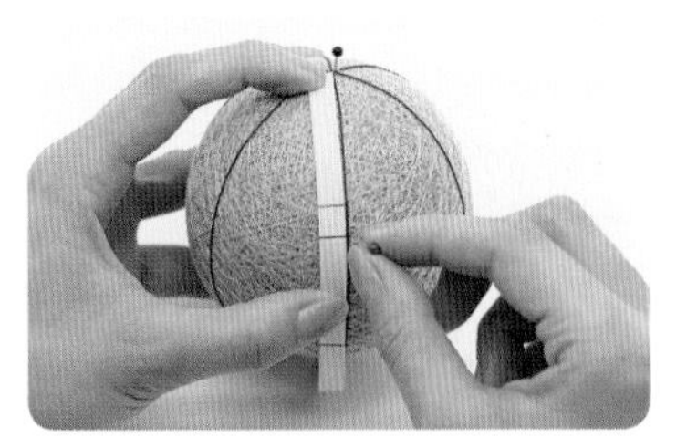

3 将纸条一端对准北极点，沿着分球线在红色标记的位置插上珠针。

4 以同样方法在每隔一条分球线的相同位置处插上珠针（红色），共 3 根。

5 再将纸条一端对准南极点，沿着刚才间隔的 3 根分球线，在纸条红色标记的位置定位珠针（黄色）。

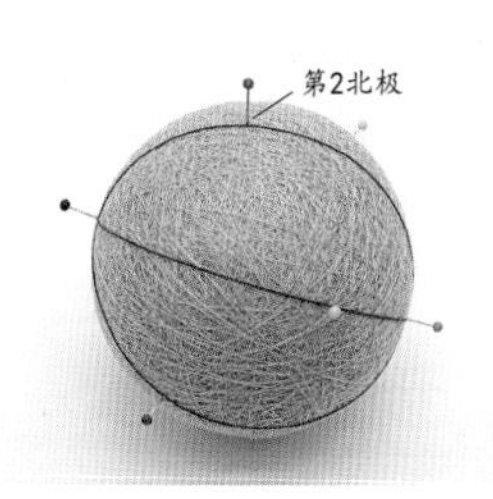

6 以其中一根红色珠针为第 2 北极点，将进行 6 等分。

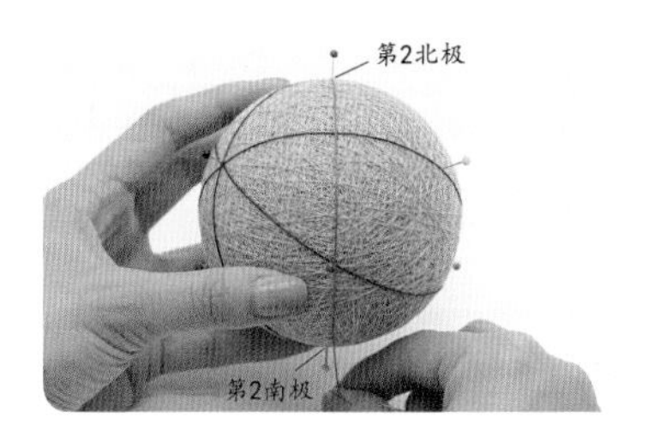

7 从第 2 北极点出针继续绣制分球线，经过下一根红色珠针，向黄色珠针延伸。为了便于演示，我们使用了不同颜色的分球线。

8 经过两根黄色珠针，回到起始的红色珠针处（即第 2 北极），绕过珠针，转弯继续拉线。

9 继续绕线一周，经过被 6 等分的黄色珠针时，挑线固定交点。

10 固定第 2 北极点处的分球线，如图紧贴交点右侧入针，在稍远处出针拉紧分球线，收针。

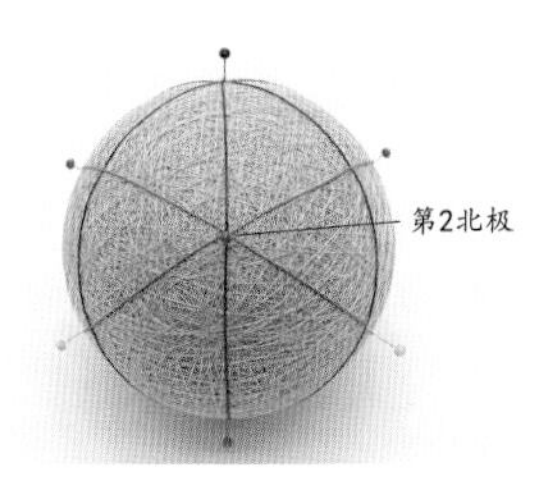

11 以第 2 北极点为起点的 6 等分完成（原等分线也是 6 等分线的一部分）。

12 接下来，将任意一个没有被 6 等分的珠针点作为第 3 北极点。

13 从第 3 北极点出针继续绣制分球线，向没有被等分的方向延伸，绕线一周。注意经过珠针点时，挑线固定分球线交点。

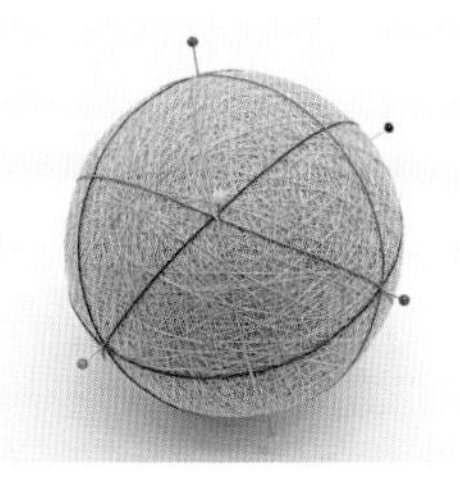

14 最后回到第 3 北极点，固定分球线，收针。以第 3 北极点为起点的 6 等分完成。最后确认 6 等分三角形是否对称。

15 组合 6 等分完成。北极、南极和后面定位的 6 个珠针点处，都形成了 6 等分的三角形。

多面体分球

认识多面体手鞠

为什么要分多面体

多面体分球是在组合分球的基础上，将球面进行更多区域的等分分球。例如在组合 10 等分基础上，进一步分出 32 面体、42 面体、92 面体、162 面体、272 面体……在组合 8 等分基础上，进一步分出 16 面体、44 面体、128 面体、226 面体……需要注意的是，当我们说到多面体手鞠时，多面体的面数是指球面 12 个五边形和若干六边形数量的总和。

正如前文所说，分球区域和分球线是绣制图案的参考，因此多面体分球用于绣制更加复杂多变的花纹，同时多面体分球本身也极具装饰性，是手鞠球面几何美学的集中体现。

多面体分球的等分数越多，制作时就越需要更多的耐心和更加细心。除了有较高的技术要求，对应花纹的绣制，相较于简单分球和组合分球，也更为耗时。因此，建议熟练掌握基础内容后，再进一步学习制作多面体手鞠。

多面体手鞠的两种类型

由于多面体分球本身就极具几何美学的装饰性，因此有一类多面体手鞠的花纹主要以分球线来体现。这一类多面体手鞠，是以等分数较多的多面体分球为代表，或通过分球线颜色的变化来凸显花纹，或分球后绣制一些简单的点缀装饰，但主体纹样是由分球这一步来体现的。

另一类多面体手鞠，是将更多区域的等分分球和基础针法的绣制相结合。通过更多样的多面体分球方式，使得所体现出的花纹相较于简单分球和组合分球呈现出的花纹更加丰富多样。下面我们将重点介绍这一类多面体的分球方法。

类型一

类型二

基于组合 10 等分的多面体分球使用更为广泛，其分球方法相比基于组合 8 等分的多面体分球更易于理解，因此我们首先来介绍基于组合 10 等分的多面体分球。

基于组合 10 等分的多面体分球

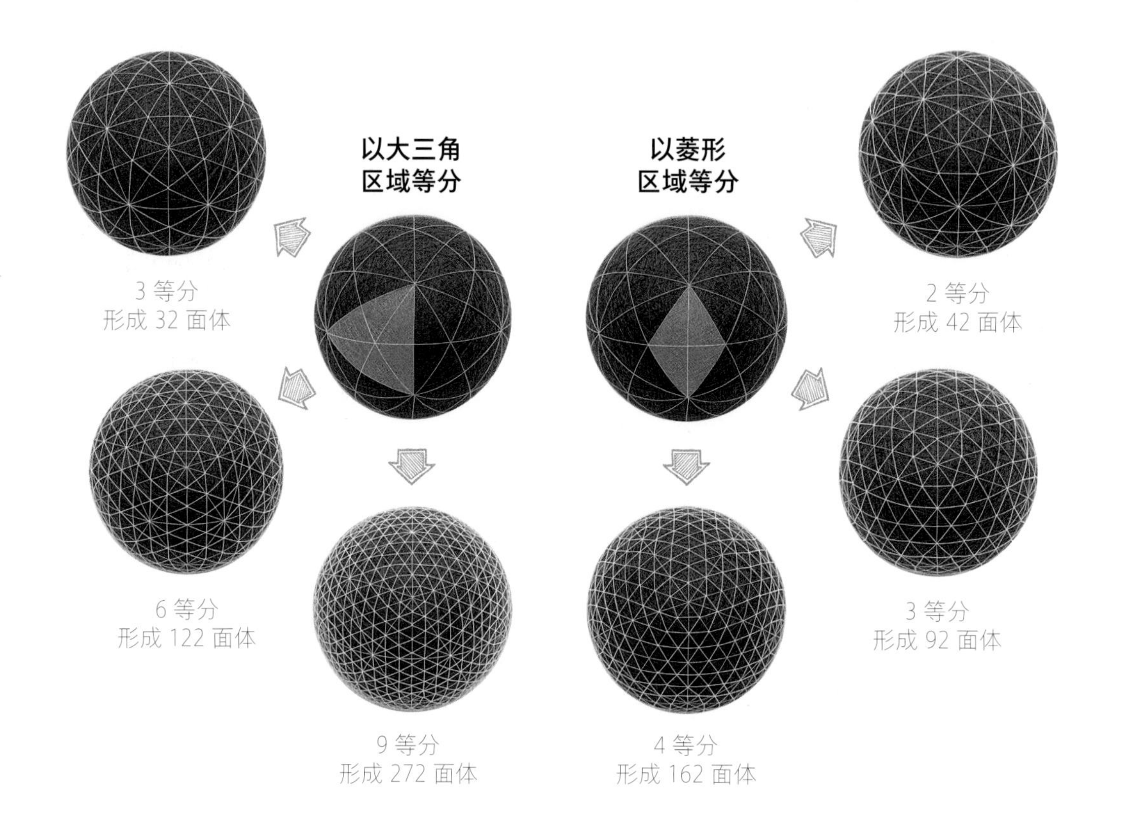

以大三角区域等分

我们以 32 面体为例，来图解定位分球和绣制分球线。

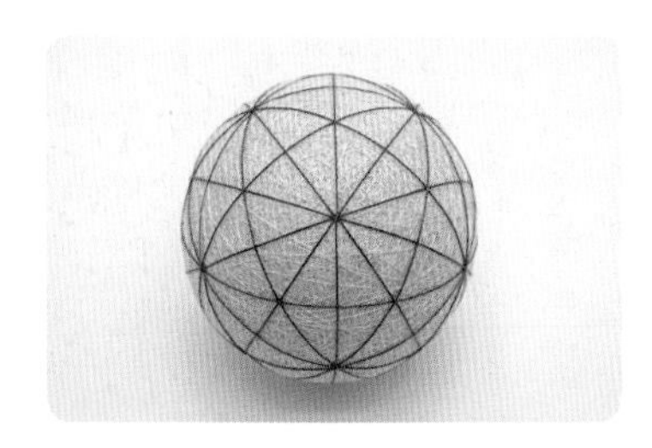

1 从一个组合10等分球开始。

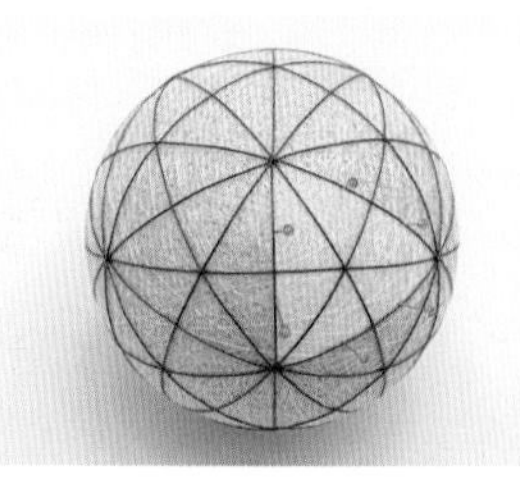

2 测量 6 等分三角形（以下简称“大三角”）的边长，将其进行 3 等分，取珠针定位。

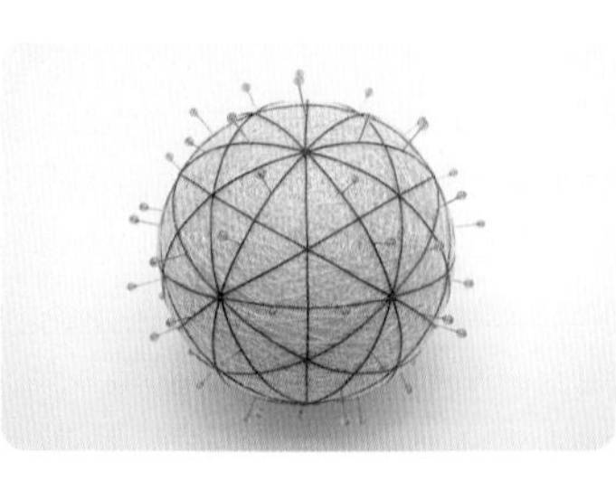

3 将每一个大三角的边都进行 3 等分后用珠针定位。

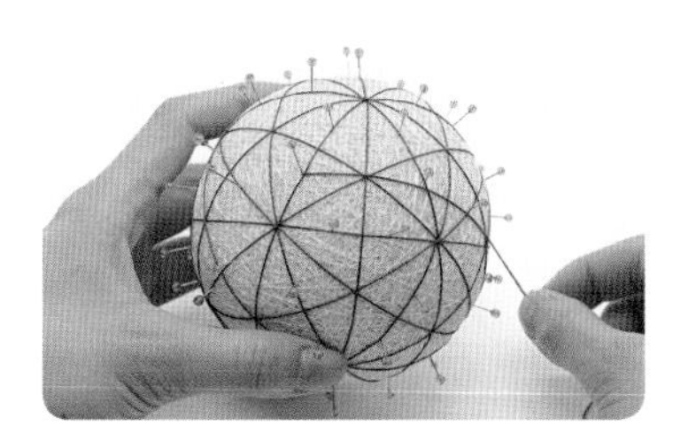

4 从 10 等分五边形内的珠针起针，向右绕线经过大三角的中心交点处，再向相邻五边形内的珠针延伸。为便于演示，我们使用了不同颜色的分球线。

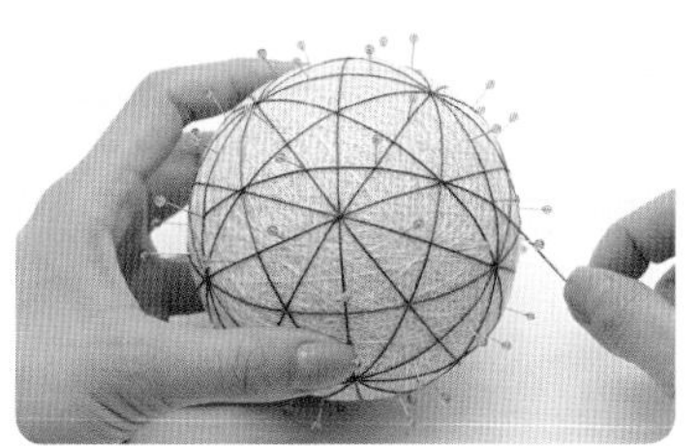

5 继续绕线，经过五边形内的两根珠针，再次经过大三角的中心交点处。

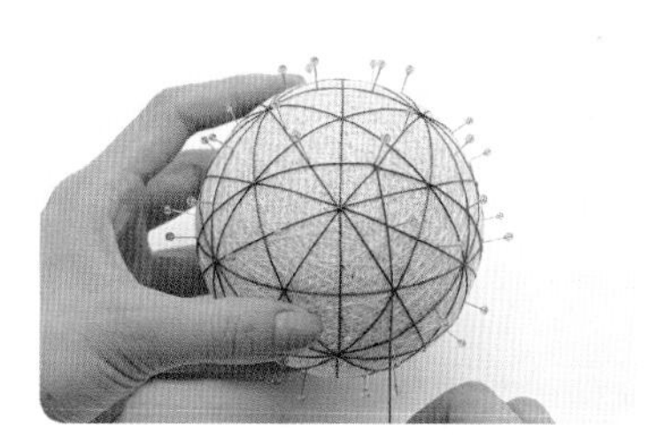

6 绕线一周回到起针点，拉线绕过珠针，继续绕下一圈分球线。

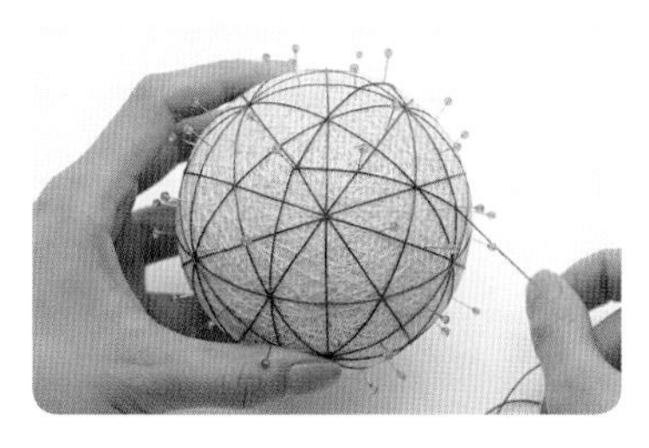

7 转换角度，便于右手绕线。

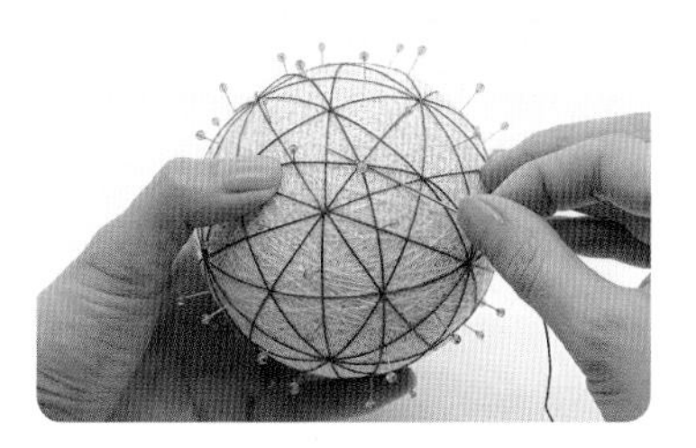

8 继续绕线，交替经过五边形内两根珠针和大三角中心，当珠针处分球线相交时，挑针固定交点。固定后交点处的珠针可以拔掉。

9 绕线一周后回到起针点，收针。

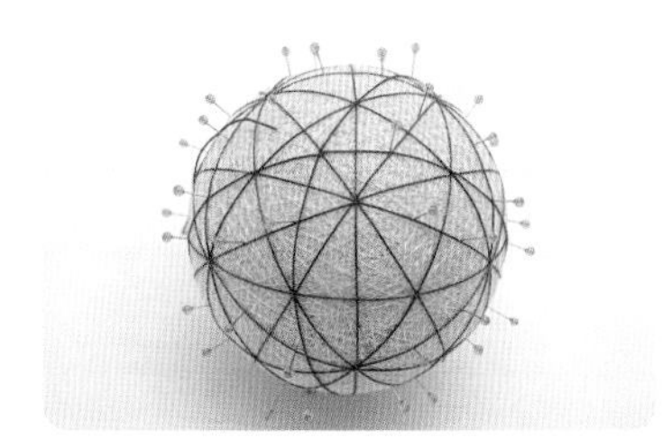

10 第 2 圈绕线完成。

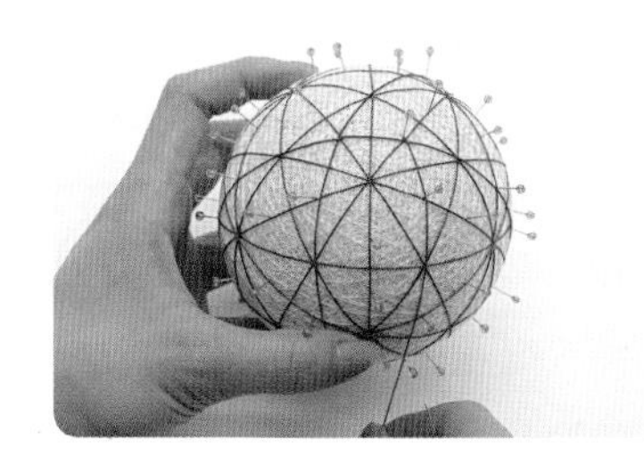

11 在五边形内邻近的珠针处再次起针，同样方法绕线　周。

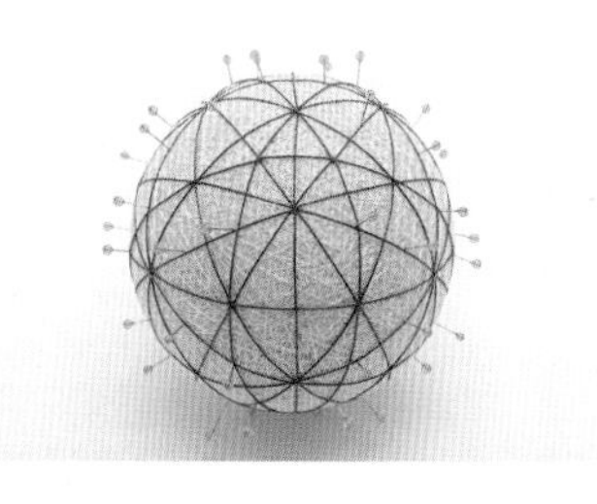

12 回到起针点固定分球线，收针。

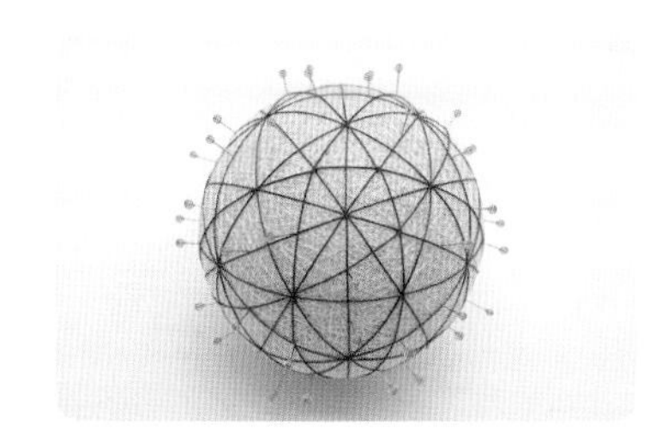

13 再次在邻近的珠针处起针，完成一圈绕线。

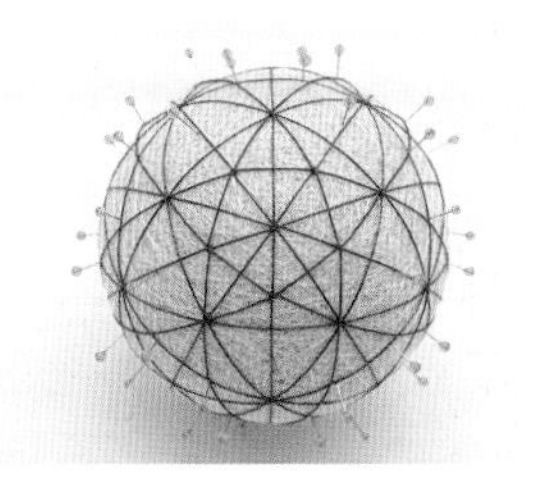

14 重复步骤 13，完成同一个五边形内珠针的绕线。此时中心会形成一个新的小五边形。

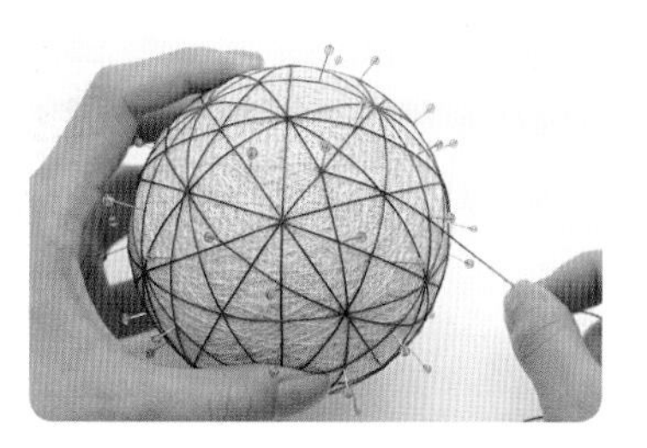

15 接下来，在邻近的五边形内，从一根珠针处起针，继续绕一圈分球线。

16 当大三角的中心被 12 等分后，挑针固定交点，拔掉珠针。

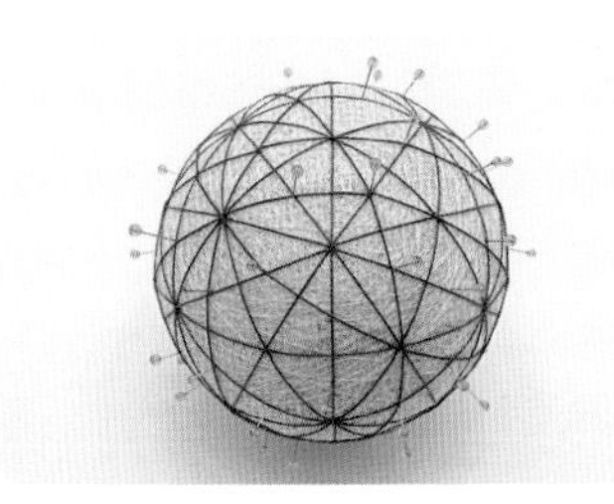

17 继续绕线回到起针点，收针。

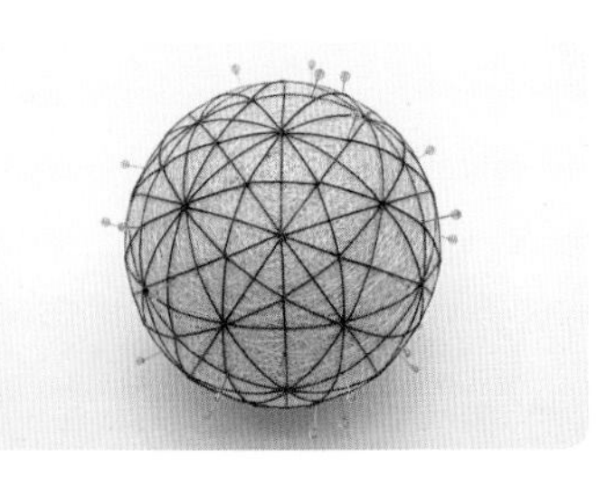

18 重复步骤 11~14，完成五边形内珠针的绕线。

19 可以用针微调中心五边形内的交点，确保五边形的对称。

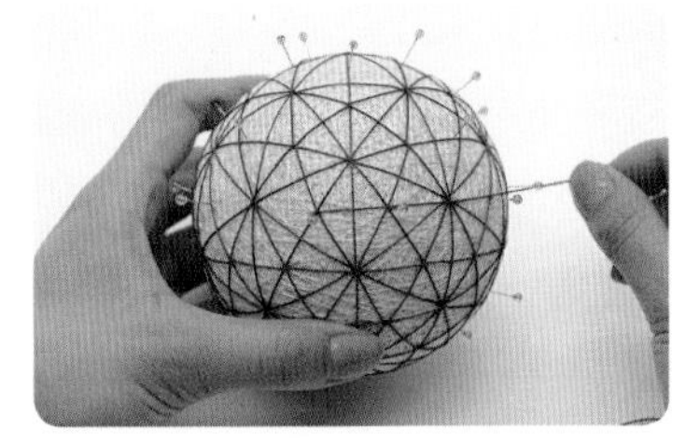

20 重复步骤 15~19，完成剩下的分球。注意：当大三角的中心被 12 等分后，挑针固定中心点。

21 32 面体分球完成。32 面体由 12 个 10 等分五边形和 20 个 12 等分六边形构成。

以菱形区域等分

我们以 42 面体为例，来图解定位分球和绣制分球线。

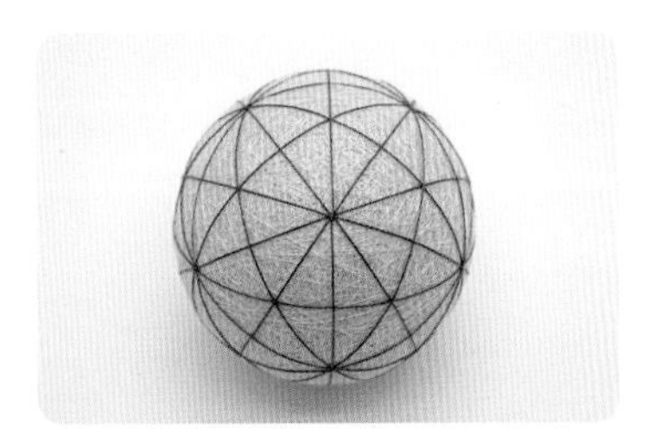

1 从一个组合 10 等分球开始。

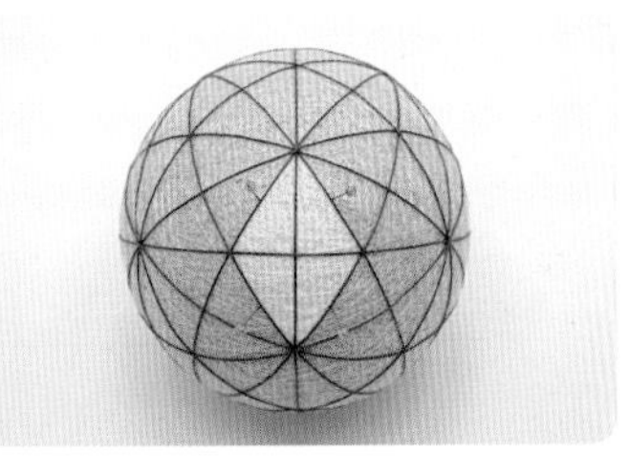

2 测量 4 等分菱形（以下简称“菱形”）的边长，将其进行 2 等分，取珠针定位。

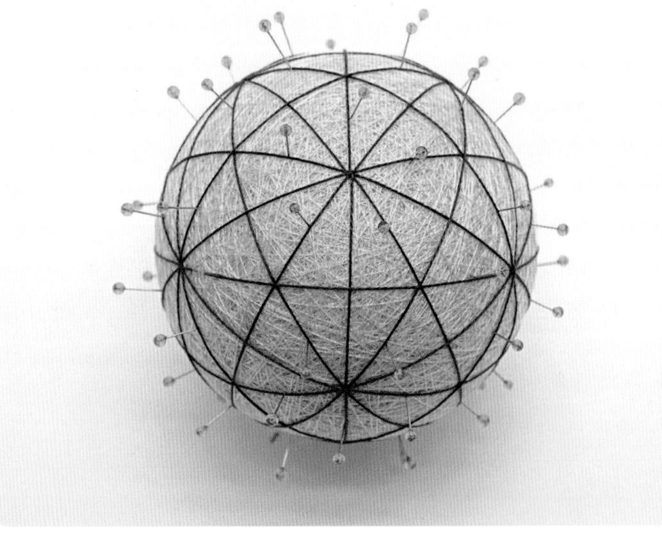

3 将每一个菱形的边都进行 2 等分，用珠针定位。

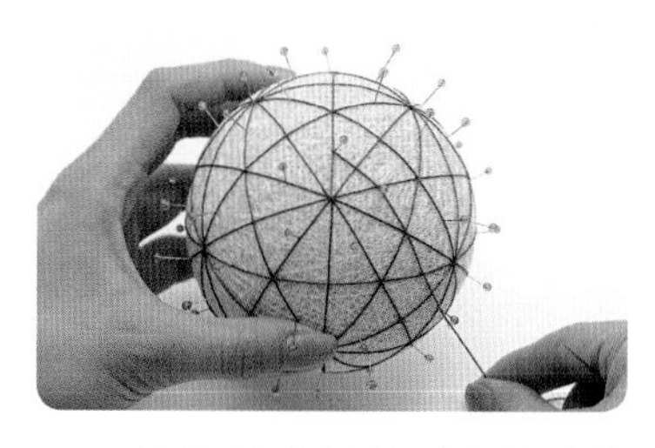

4 从 10 等分五边形内的珠针起针，向右下方拉线。为便于演示，我们使用了不同颜色的分球线。

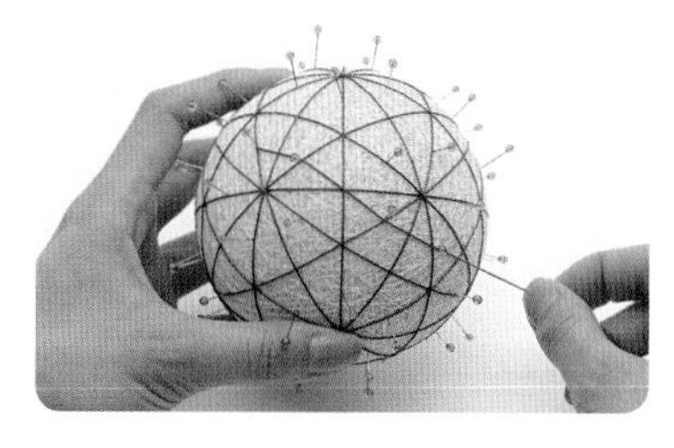

5 经过菱形的中心交点处，向相邻五边形内的珠针延伸。

6 经过相邻五边形下方的两根珠针。

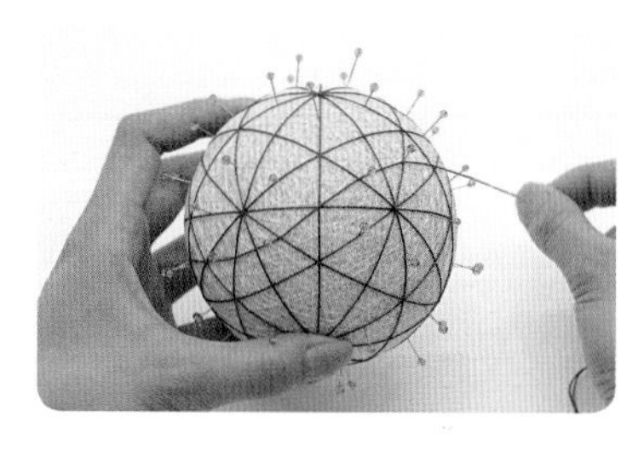

7 继续向右上方绕线，经过菱形中心，向相邻五边形上部的珠针延伸。

8 绕线一周回到起针点，向右上方拉线绕过珠针，继续绕下一圈分球线。

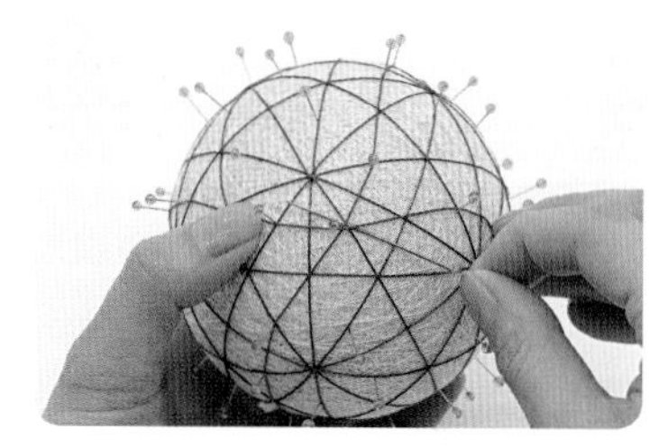

9 当珠针处分球线相交时，挑针固定交点。固定后交点处的珠针可以拔掉。

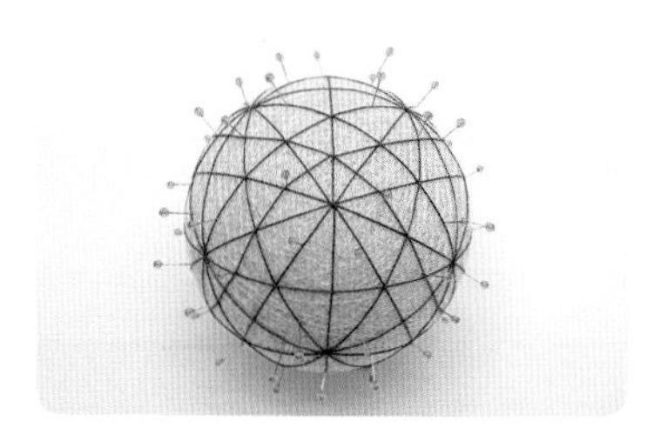

10 完成第 2 圈绕线，固定交点，收针。

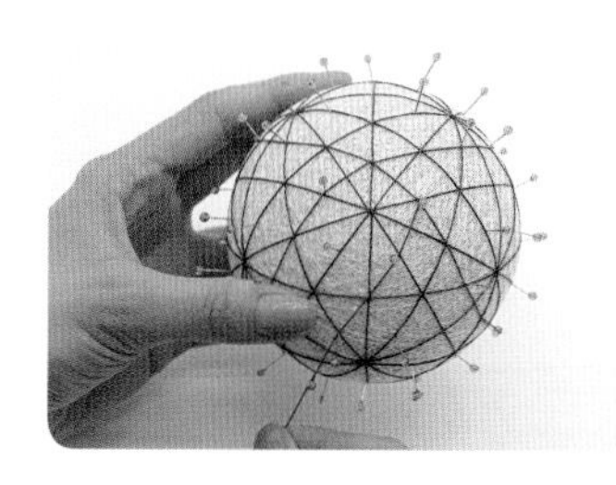

11 在五边形内邻近的珠针处再次起针，同样方法绕线一周。

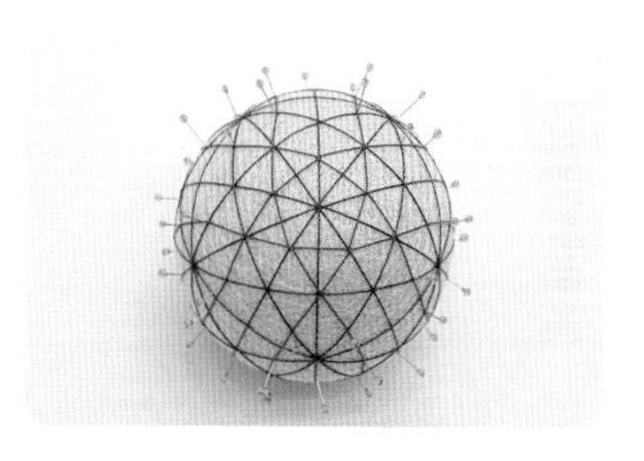

12 重复步骤 11，完成同一个五边形内珠针的绕线。此时形成了一个新的小五边形。

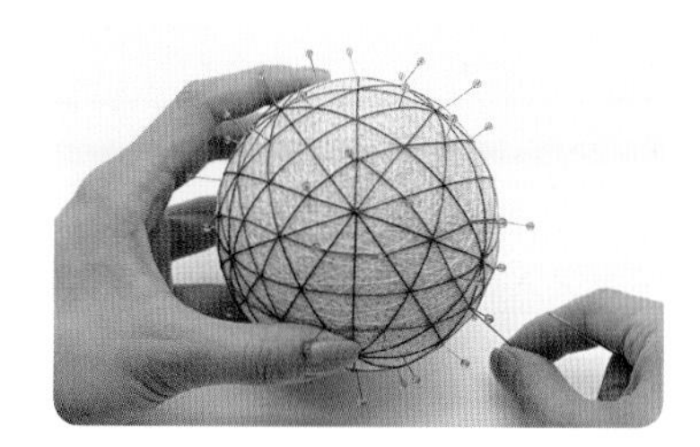

13 接下来，在邻近的五边形内，从一根珠针处起针，继续绕分球线。

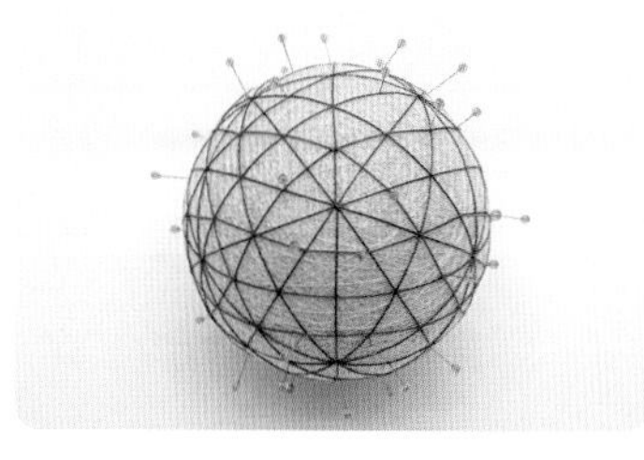

14 绕线一周后回到起针点，收针。

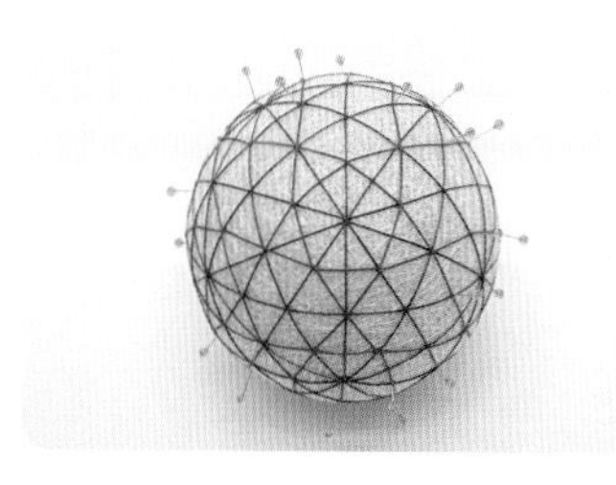

15 完成这个五边形内珠针的绕线。

16 用针微调小五边形内的交点，确保五边形和相邻六边形的对称。

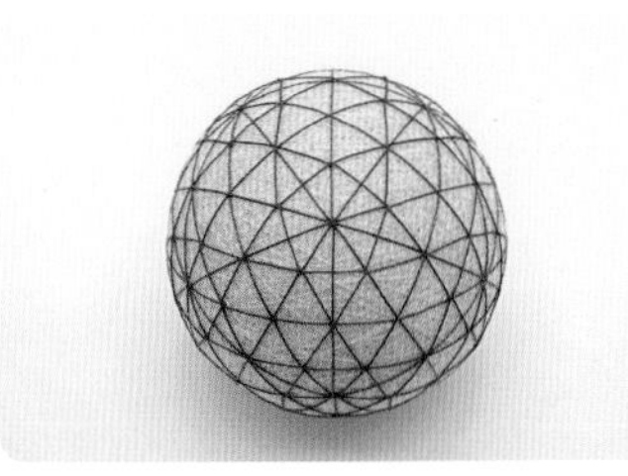

17 经过所有珠针的绕线完成。

18 通过绕线形成的 2 个小五边形，我们要将它们之间的六边形进行 12 等分，实现完全分割。

19 从六边形的中心起针，向右下方的六边形中心拉线。绕线一周，依次经过每一个六边形的中心。

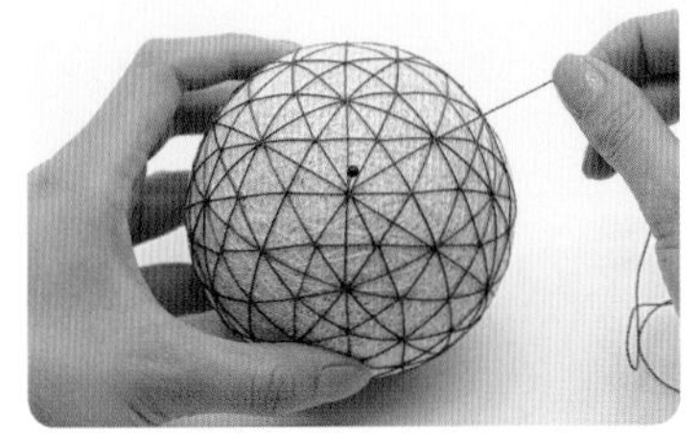

20 回到起针点，向右上方拉线绕过珠针，继续绕下一圈分球线。

21 当经过的六边形被 12 等分时，挑针固定中心点。

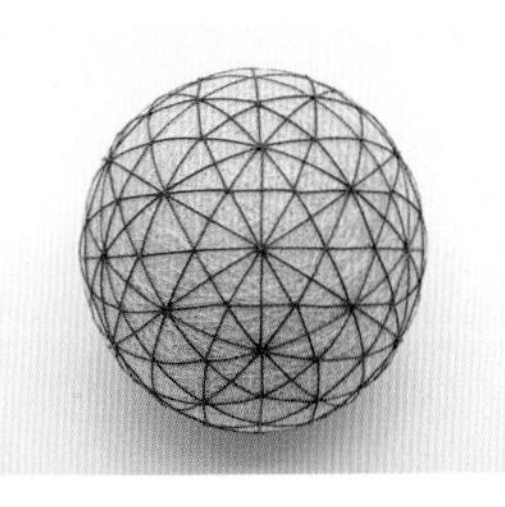

22 回到起针点，固定交点收针。此时这个六边形被完全分割。

23 重复步骤 19~22，完成所有六边形的完全分割。42 面体分球完成。42 面体由 12 个五边形和 30 个六边形构成。

完全分割与不完全分割

基于组合 10 等分的多面体分球，是由 12 个五边形和若干个六边形构成的。由于五边形是由组合 10 等分中的五边形保留下来的，因此 12 个五边形已经被 10 等分。一般来说，完全分割是指将所有六边形进行 12 等分。

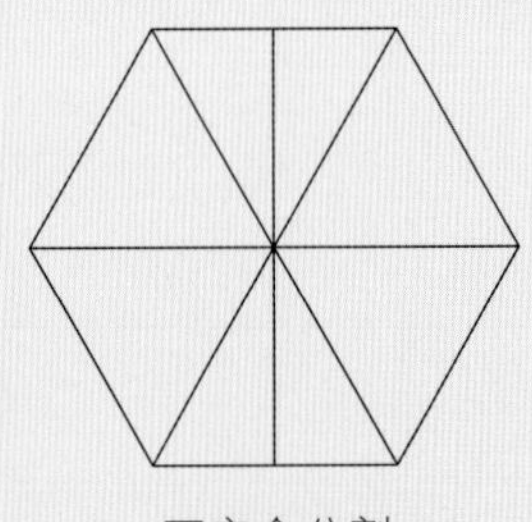

不完全分割

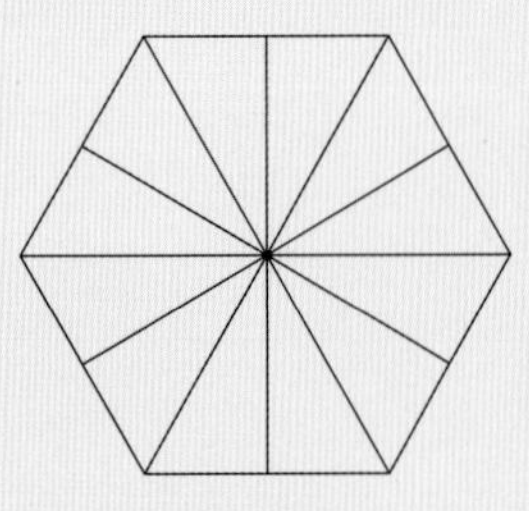

完全分割

基于组合 8 等分的常用多面体分球

16 面体

1 从一个（绣制赤道的）4 等分球开始。可以用素球线分球，作为辅助线最后会拆除。

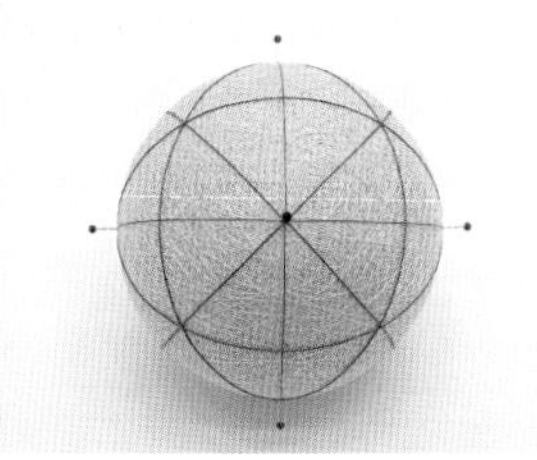

2 取分球线，在 4 等分球的基础上完成组合 8 等分。

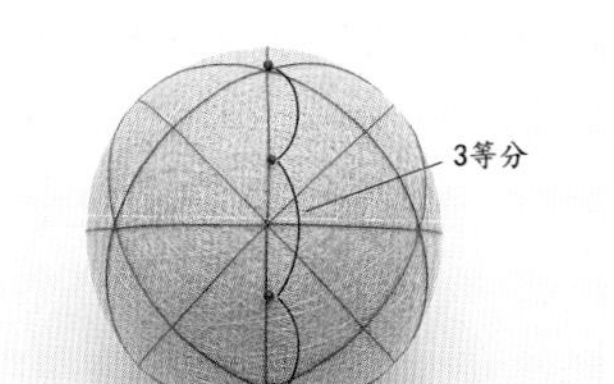

3 转动球体，将 8 等分四边形的纵向对角线进行 3 等分定位。

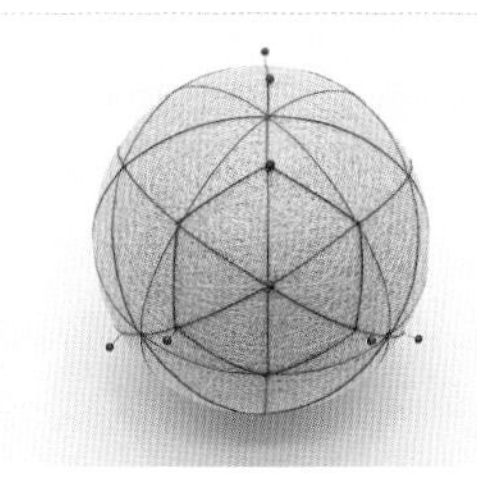

4 以对角线下方顶角的珠针为中心，将 4 点钟和 8 点钟方向的四边形对角线也进行 3 等分定位。取分球线连接 3 等分点和 4 等分菱形的中心，形成一个新的六边形。

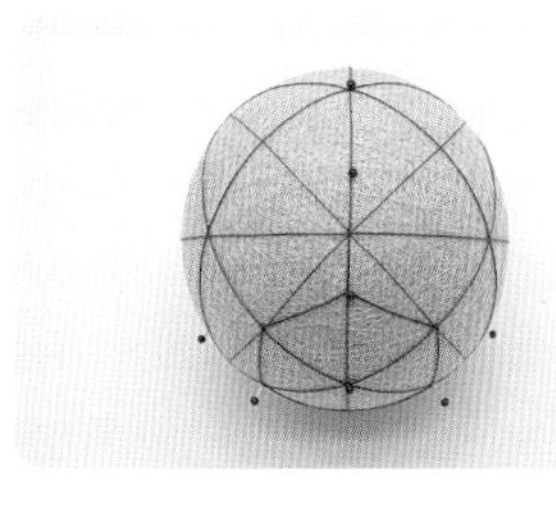

5 完成后如图所示。

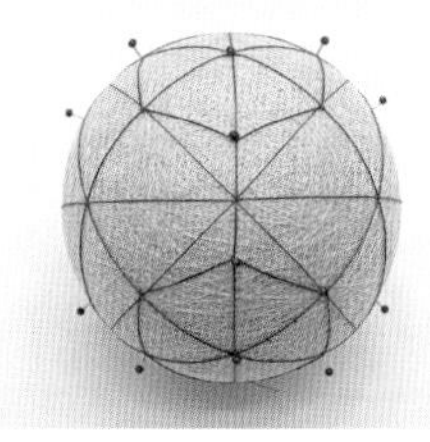

6 用同样的方法，以对角线上方顶角的珠针为中心，也取分球线绣制形成 1 个新的六边形。

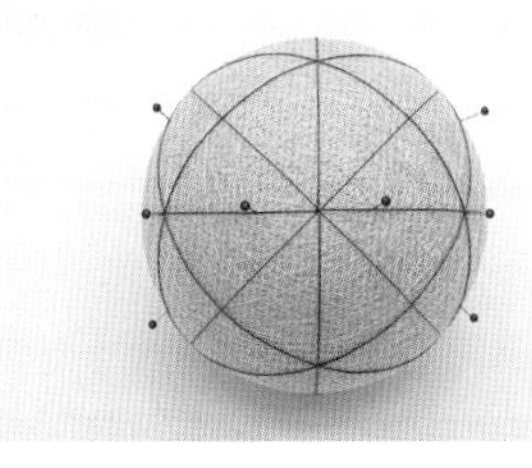

7 将步骤 6 图中的球体转向正对面，将这一面 8 等分四边形的横向对角线进行 3 等分定位。

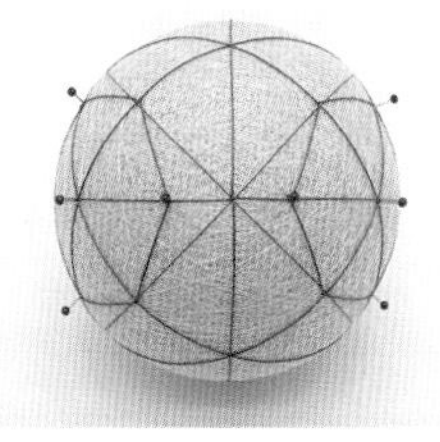

8 重复步骤 4–6，以横向对角线两端的顶角为中心，形成 2 个六边形。

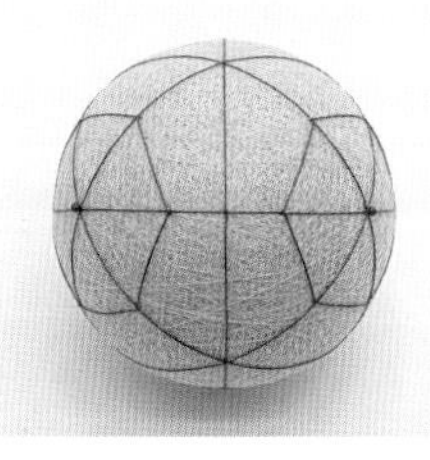

9 拆除辅助线。此时球面形成 4 个六边形和 12 个五边形区域。

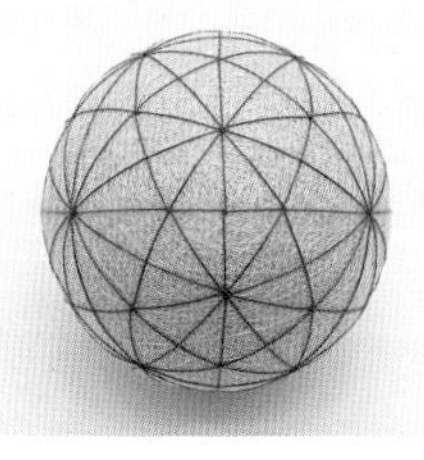

10 取分球线连接六边形和五边形的各个顶角，将六边形 12 等分、五边形 10 等分。拉线时注意调整六边形和五边形的对称。

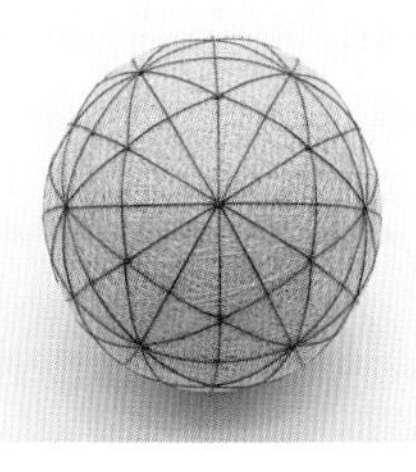

11 16 面体分球完成。16 面体由 4 个 12 等分六边形和 12 个 10 等分五边形构成。

44 面体

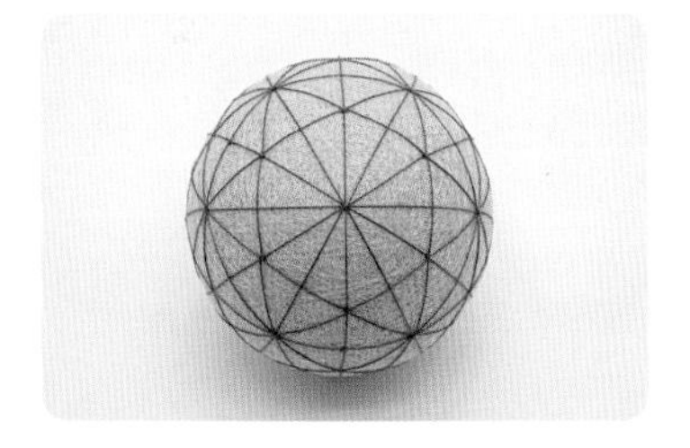

1 从一个 16 面体开始。

2 首先观察 44 面体。将 16 面体中六边形和五边形相隔的顶点连接起来，形成新的小六边形和小五边形，便构成了44 面体。下面来一起分球。

3 从六边形的一个顶点起针，用右手向相隔的顶点拉线，延伸至相邻的五边形。

4 情况 1：径直拉线经过六边形和五边形内相隔的顶点，完成一圈。

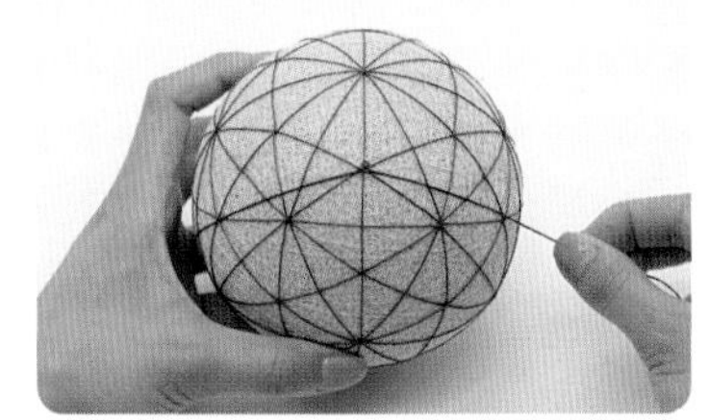

5 情况 2：经过两个相邻五边形对应顶点的拉线需要弯折。此时需用珠针固定折点，继续拉线完成一圈。

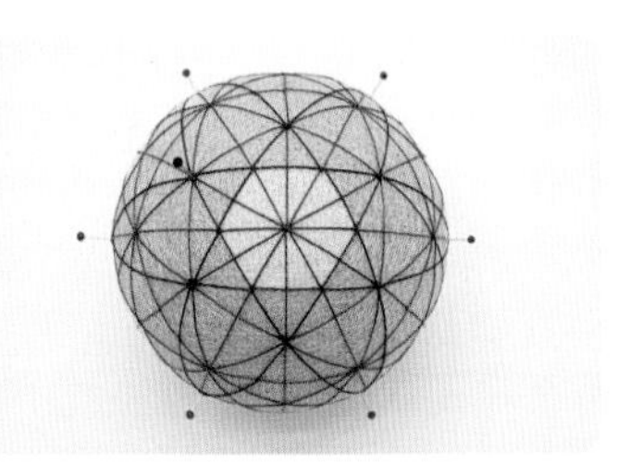

6 重复步骤 3~5，起针的六边形内拉分球线后形成了新的小六边形。分球时，注意挑线固定小六边形的各顶点。

7 用同样的方法继续拉分球线，珠针固定处的折点最终会将六边形 12 等分，完成等分后固定中心即可拔掉珠针。

8 分球过程中，注意调整六边形和五边形的对称度，形成的小五边形和小六边形的顶点都需要挑线固定。

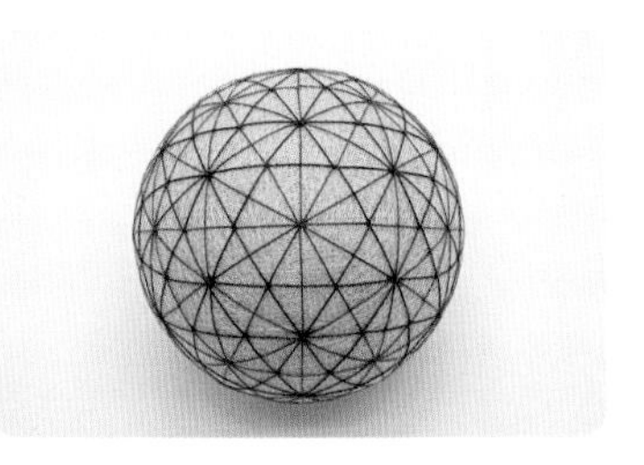

9 44 面体分球完成。44 面体由 32 个 12 等分六边形和 12 个 10 等分五边形构成。

第5章 绣制图案，手鞠基础针法16种

手鞠图案的题材丰富多样，大致分为植物纹样、动物纹样、人形纹样、几何纹样、传统吉祥纹样和刺绣纹样。通过配色的变化，又可使同一几何图案表达出不同的主题。绣制图案是在分好球的素球上进行的。手鞠有其独特的绣制针法，包括基础针法16种，分别是：千鸟绣、上挂千鸟绣、下挂千鸟绣、平挂绣、上下同时绣、松叶绣、卷绣、三羽根龟甲绣、星绣、纺锤绣、麻叶绣、交叉绣、扭绣、连续绣、一笔绣、漩涡绣。根据图案需要还会应用到一些刺绣技法，如结粒绣、缎面绣、蛛网绣、轮廓绣、直线绣等。复杂的图案和形式变化，也脱离不了基础针法。在制作中会发现，手鞠针法的名称大多是非常形象易懂的。

基本绣制技巧

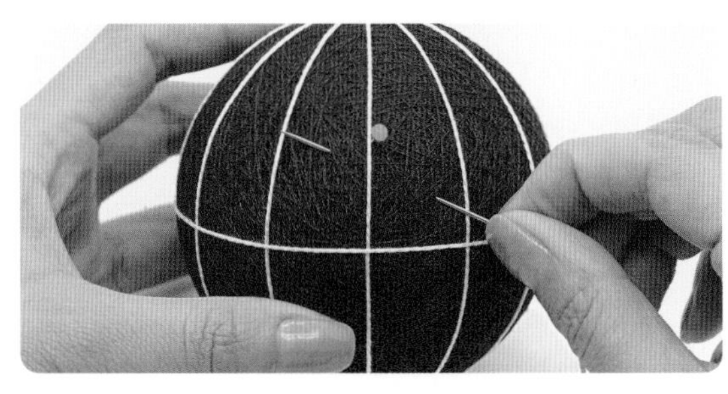

起针

1 在起针点附近入针（图中黄色珠针点为起针点）。

2 拉动绣线直到线尾藏在素球内。避免过于用力导致线头脱出。

3 在出针的同一点再次入针，在相反方向稍远位置出针，将线拉出。

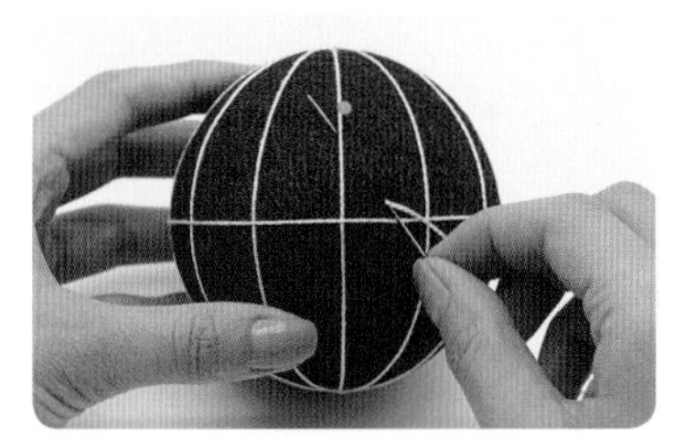

4 可以反复操作一次，确保绣线固定在素球上，然后从起针点出针绣制图案。

收针

1 当绣线长度不够或者图案绣制结束时，在结尾针脚处入针，在左上方稍远处出针。

2 拉紧绣线，从出针的同一点再次入针，在右下方稍远处出针。

3 拉紧绣线，结尾的绣线已固定。

4 紧贴球面剪断多余的绣线。

5 用针尾将露出的线头戳进素球内，藏匿线头。

改换绣线

1　当绣线长度不够或需要更换颜色时，在结尾针脚处收针。可以用珠针标记在换绣线处。

2　取新的绣线，在接下去的针脚附近起针。

3　在出针的同一点再次入针，从相反方向稍远位置处出针，将线拉出。

4　确保绣线固定在素球上，从之前结尾的针脚处出针继续绣制。

绣线长度及 5 号线的抽取方法

一次取绣线的长度在 50~100 厘米。这个长度既不会因为太长而易于打结或磨毛，也不会因为太短而频繁改换绣线。

1　将线束一端的品牌标签取下，将线号标签移到中间部位。

2　将对折成麻花状的一股线束一端抽出标签。

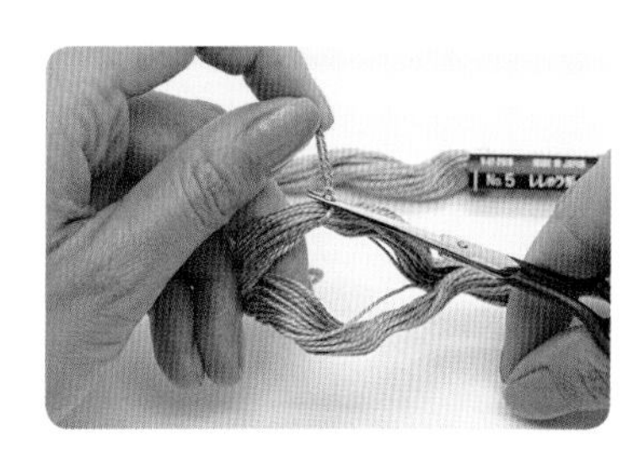

3　找到一端打结的线头，解开或将线头剪断。

4 再将这一端的绣线沿折痕处剪断。

5 处理好备用的 5 号线。

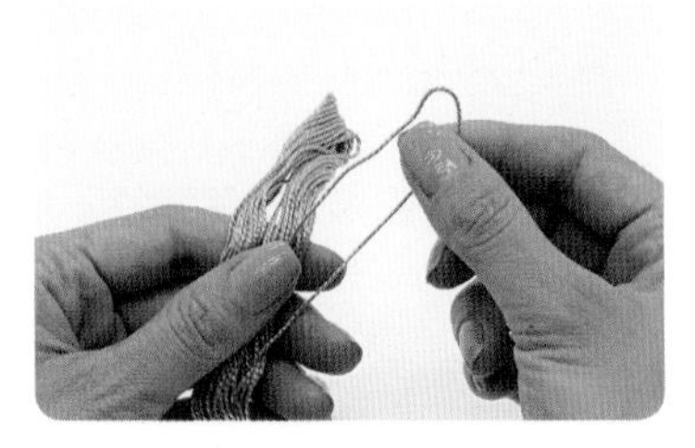

6 使用时从未被剪断的一端抽取绣线，这样抽取的每一根绣线的长度约为 1 米。

双股绣线绣制的技巧

双股绣线要平整排列，不要拧线。发现拧线要及时调整。

出针时从双股线之间通过，同时用左手拇指按住绣线，防止拧线。

漂亮针脚的挑线技巧

挑线技巧 - 错误图

绣制时只挑分球线，会使针脚移位、分球线偏移。

挑线技巧 - 正确图

绣制时挑起分球线和少量素球线，以固定针脚。

针距的控制

绣制图案的尖角时，保持每一层有 1~2mm 的针距，确保针脚平整排列，使绣线间既不露缝也不堆叠。

针距 -1

针距 -2

手鞠基础针法及作品制作图解

针法及对应作品教程根据其难易程度，循序渐进地编排。大家可以按顺序学习，也可以根据需要翻看对应内容。

针法 1

松叶绣

松叶绣以形似松针叶而得名，主要有 3 种形态：

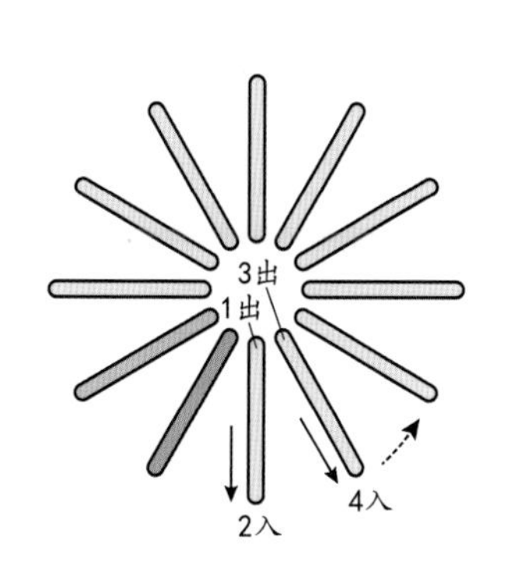

松叶绣 1

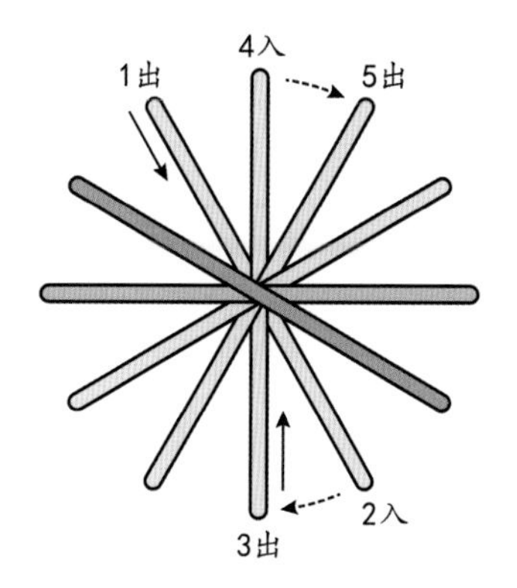

松叶绣 2

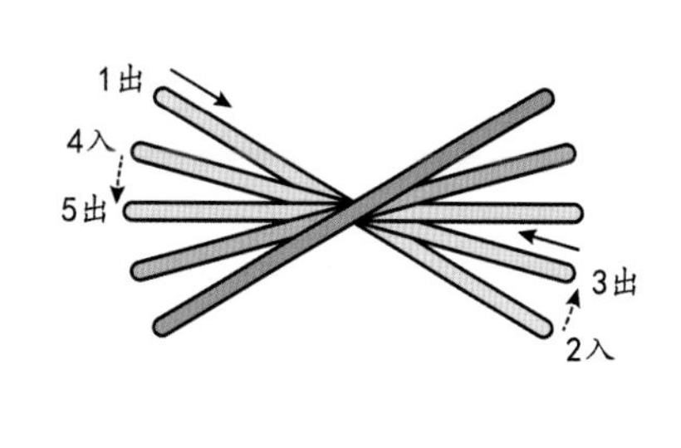

松叶绣 3

烟花

烟花手鞠的图案完全使用松叶绣针法，灵活运用了各种类型的松叶绣，是对这一针法非常好的应用。烟花手鞠不需要分球，便于新手掌握，同时对松叶绣等距和中心点汇集在一点的练习，对后面需要分球的作品很有帮助。

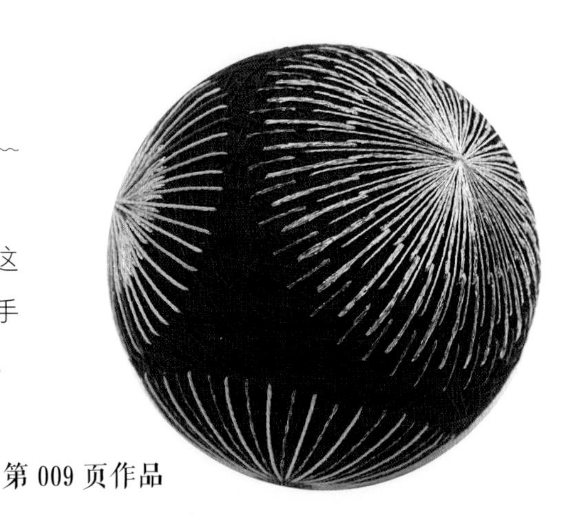

第 009 页作品

素球：周长 25cm 的黑色素球

分球：无需分球

绣线：8 号线：橙黄色、橙色、橘红色、紫色；金属线：金色、橘色、绿色、银色、粉色

制作要点：

· 巧用纸条，控制烟花的大小和松叶绣的间距

· 保持每朵烟花里松叶绣的长度和间距一致，松叶绣的中心交汇在一点

· 注意出入针针脚的位置，预留拉线后针脚回缩的距离

1 裁剪一段纸条，对折后用珠针将中心固定在素球表面任意一点。纸条的长度即松叶绣的长度，决定了烟花的直径；纸条的宽度决定了松叶绣的间距。

2 在纸条四角标注 A、B、C、D 点便于演示。取橙黄色绣线，在 A 点左上方 1mm 处出针。空出一点距离，为拉紧线后针脚的回缩做预留，这一点非常重要。

3 出针后从 A 点引线至对角的 D 点，经过中心珠针处。

4 从 D 点入针、C 点出针，注意在距离 C、D 点 1mm 左右处出入针，预留拉线后针脚回缩的距离。

5 出针后拉紧绣线，转动纸条，将 D 点对准原来 C 点处的针脚。

6 从 D 点向对角 A 点拉线，经过中心珠针处。

7 转动素球，面对 AB 端，从 A 点入针、B 点出针。注意预留拉线后针脚回缩的距离。

8 出针后拉紧绣线，再次转动纸条，将 A 点对准原来 B 点处的针脚。

9 重复以上步骤，继续松叶绣。注意将经过中心点的绣线集中在珠针的同一侧，便于交汇在一点。

10 当剩下最后几针松叶绣时，观察纸条的宽度是否刚好完成一圈松叶绣，如果最后有大小差异，可以适当调整最后几针的间距以确保整体视觉上的平分等距。

11 绣最后一针时，小心取下纸条，注意不要让松叶绣的中心偏移。

12 在稍远处收针。收针方法可参考本书第 086 页。

13 用针拨动调整绣线，确保绣线中心汇集在一点。

14 确保每一根松叶绣保持在一条直线上且等距平分。烟花的第一层绣制完成。

15 取橘色金属线，在任意两根松叶绣的顶端中间位置出针。

16 出针后让绣线经过中心点，向对面端的两根绣线中间位置拉线。

17 从两根松叶绣端头的中间位置入针，向左侧中间位置出针。

18 出针后拉紧绣线，经过中心点继续向对面端引线。

19 以同样的方法继续这一层松叶绣，最后一针经过中心点时，挑针固定中心点所有的绣线。

20 第一朵烟花绣制完成。

21 再取一段纸条，在邻近处开始绣制新的烟花。

22 取橘红色绣线，按上述步骤完成一部分松叶绣。

23 换取橙色绣线，继续这一层的松叶绣。

24 再换取橙黄色绣线，完成这一层松叶绣。

25 用橙黄色绣线完成第二层松叶绣的绣制，使烟花图案更为饱满。

26 将纸条剪短，中心折痕对准中心点。取绿色金属线，在两根松叶绣中间、纸条一端的尖角处起针。

27 引线从中心点下方的素球中穿过，至对面两根松叶绣的中间位置。

28 继续取纸条参照入针，向左侧中间位置处出针。

29 以同样的方法，完成这一层松叶绣的绣制。第二朵烟花绣制完成。

30 取金色金属线，开始第三朵烟花的绣制。

31 取银色金属线，在上层叠加松叶绣。

32 再取绿色金属线，在外圈绣制散射状松叶绣。

33 换取橘色金属线，继续在外圈绣制散射状松叶绣，第三朵烟花完成。

34 在素球上的空白处，依据个人喜好可灵活运用几种松叶绣的方法，继续绣制图案。

针法 2

卷绣

卷绣是在素球表面连续卷动绣线，绕球体一周而形成图案的针法。卷绣主要有三种：带形卷、交叉卷、网状连续卷。

手鞠中还有一类特殊的卷绣图案，使用带形卷绣针法制作，卷绣之间又扭绣形成竹编的效果，日文书里将这类图案称为“篭目（笼目）”，是以蹴鞠藤球和竹编六角孔为灵感的图案。作品可以参考本书第 039 页《生意盎然》和本书第 044 页《星愿》。

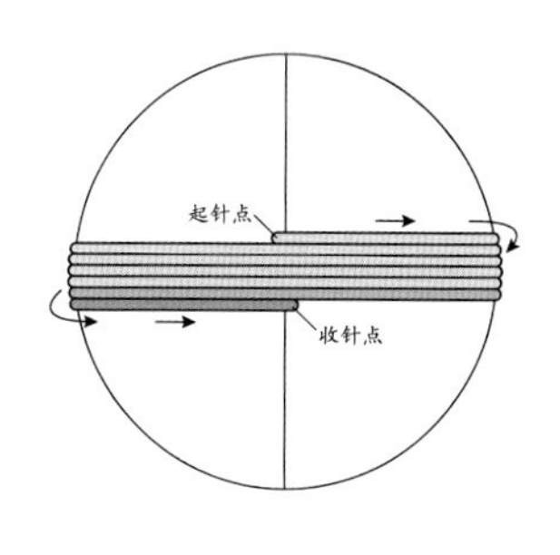

带形卷

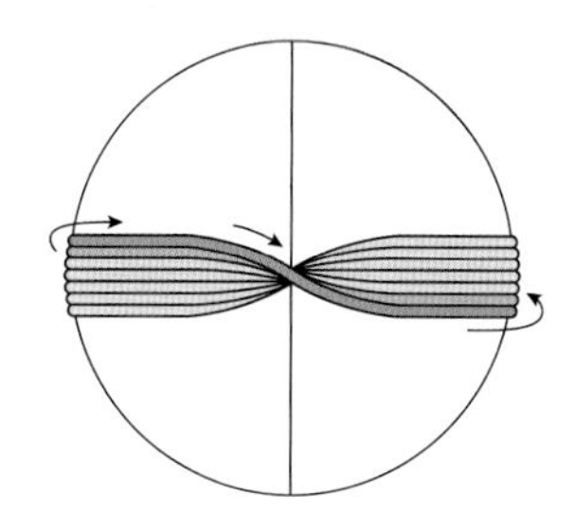

交叉卷

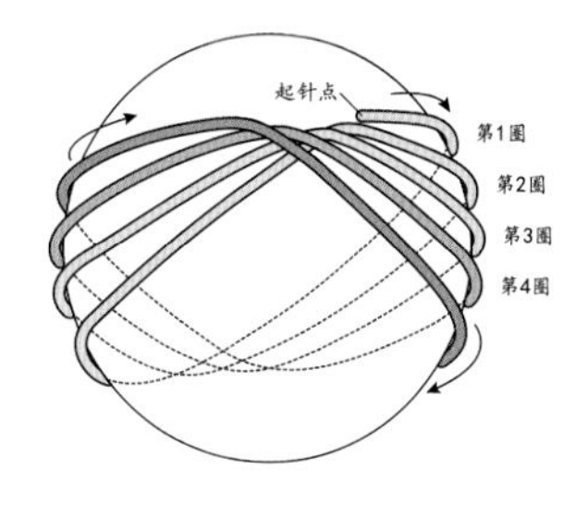

网状连续卷

第 009 页作品

七彩

七彩手鞠是以带形卷绣为主要针法，辅以松叶绣和缎面绣针法为装饰的作品。制作简单而色彩明快。制作素球时，可在内芯中放入铃铛，非常适合作为孩童抛玩的玩具。

素球： 周长 26cm 的奶白色素球

分球： 用浅蓝色素球线进行 14 等分球（或用接近素球颜色的素球线分球）

绣线： 8 号线：粉色、绿色、天蓝色、明黄色、紫色、浅蓝色、橘红色；浅金色金属线

制作要点：

· 保持卷绣平整排列，每一圈紧密无裂缝

· 藏匿针脚，使卷绣在视觉上连贯不中断

1 取粉色绣线，在靠近极点处的两条分球线之间起针。

2 拉出绣线后，沿着分球线的右侧开始绕线。

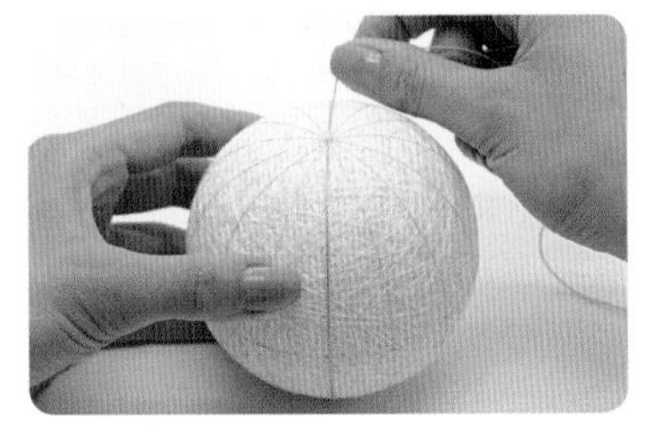

3 经过另一端的极点，继续沿着分球线右侧绕线。

4 绕线一圈后回到起始处，紧贴上一圈右侧继续绕线。

5 共绕线 5 圈，然后在起针点右侧的水平位置入针收线。

6 收针后，可以看到卷绣的绣线全部集中在分球线的右侧。接下来要在分球线的另一侧进行卷绣。

7 调转素球，使完成的卷绣部分变到分球线左侧，便于右手起针引线。在靠近极点、邻近步骤 1 出针点的位置起针。

8 沿着分球线的这一侧继续绕线。

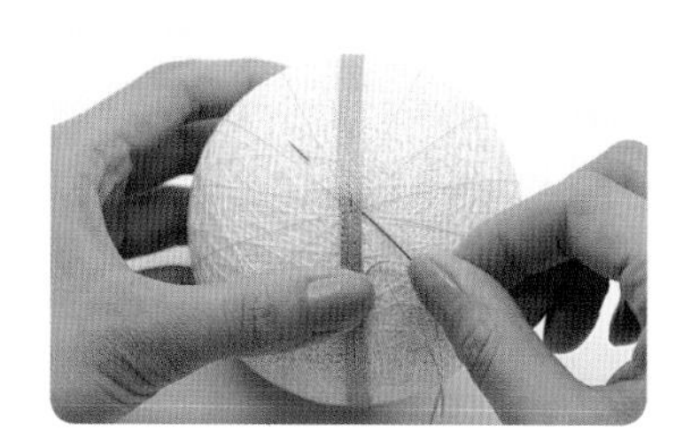

9 同样绕线 5 圈后，在起针点右侧的水平位置入针收线。

10 粉色绣线的卷绣完成。极点处留有的接线处，在后面的卷绣中会被覆盖。

11 取绿色绣线，在沿顺时针方向的下一根分球线与粉色绣线相交处的右侧起针。

12 用同样的方法，沿着分球线右侧卷绣 5 圈。

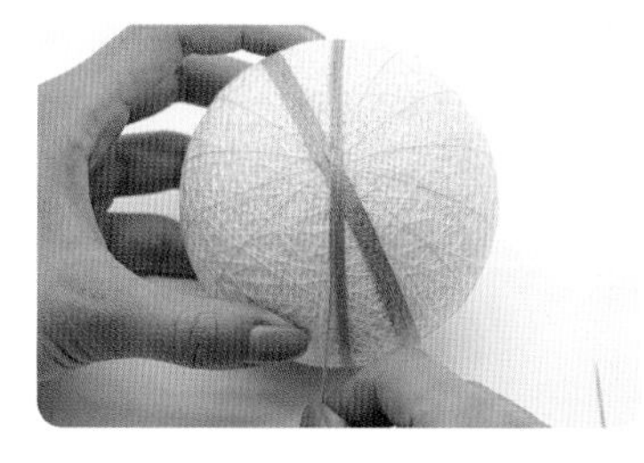

13 这一侧完成后，在起针点右侧水平位置收针。然后紧贴着起针点起针，向反方向引线，继续完成分球线左侧的卷绣。

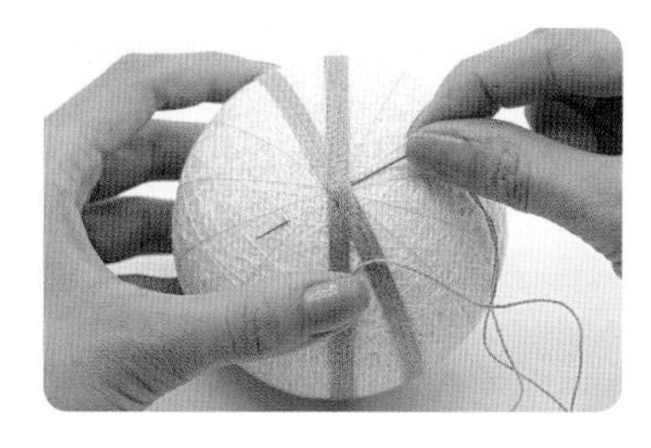

14 调转素球，便于右手引线。这一侧卷绣完成后，在粉色和绿色绣线相交处收针。

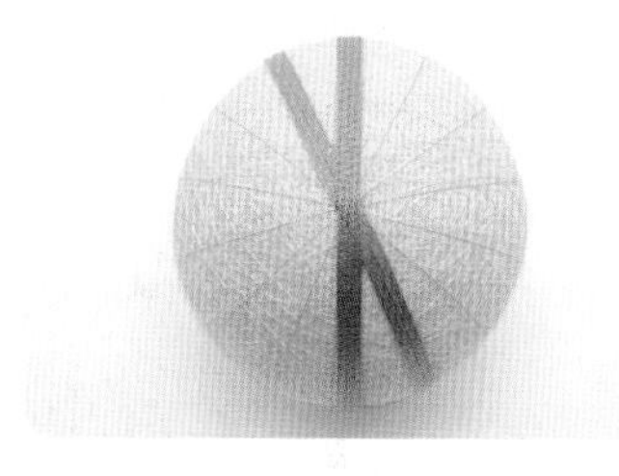

15 粉色卷绣的接线处被绿色绣线覆盖，留下的绿色绣线接线处也会被下一色卷绣所覆盖。通过此方法藏匿首尾针脚，使卷绣在视觉上连贯不中断。

16 依次完成天蓝色、明黄色、紫色、浅蓝色绣线的卷绣。最后取橘红色绣线，在距离分球线大约 5 圈绣线宽度的左侧出针引线。

17 10 圈卷绣一卷到底，不留接缝。最后在起针点右侧水平位置收针。

18 彩色带状卷绣完成。在分球线两侧卷绣，保证了图案的平均分布。

19 调整绣线，覆盖住底层分球线。或将分球线拆除，注意保留赤道线。

20 取一段纸条，中心固定在极点处，在南北极进行松叶绣的装饰和固定。

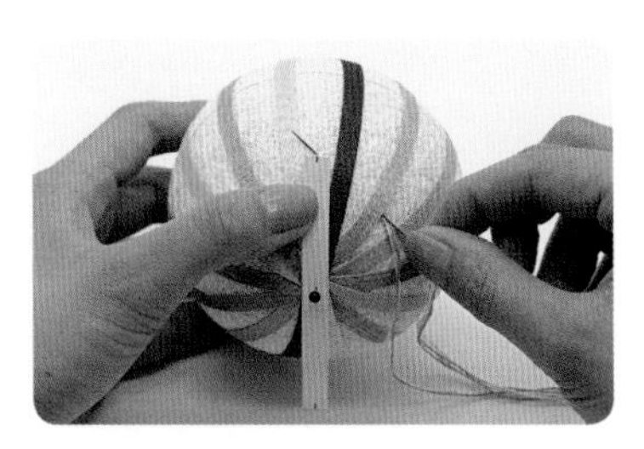

21 取天蓝色和浅蓝色绣线并作一股，在纸条一端中间起针。

22 用拇指和食指将两色绣线拧成一股，边拧线边拉线。

23 在纸条的另一端中间处入针，向左侧空白处水平出针。

24 转动纸条，测量松叶绣的长度，绣制方法同作品《烟花》。

25 到最后一针时，挑线固定中心点。

26 以同样的方法，完成对面的松叶绣装饰。

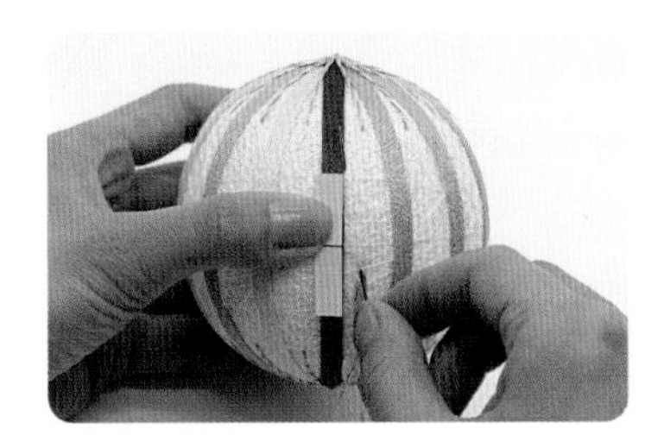

27 最后装饰赤道空白处。取金色金属线，以纸条比对长度，从纸条上端起针。

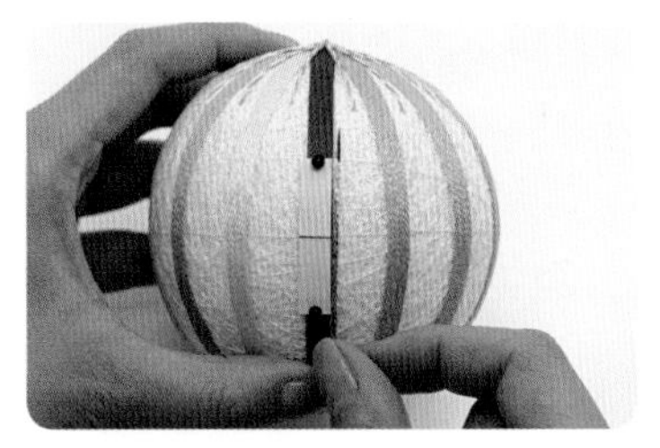

28 拉线至纸条下端，入针后再从上端出针，出针位置稍微低于起针点。

29 如此反复，进行缎面绣。

30 完成卷绣之间的三角形缎面绣装饰。

31 重复以上步骤，完成剩下的金属线三角装饰。

童趣

童趣手鞠是一款简单易上手而很有乐趣的作品。无需分球，仅使用网状连续卷绣的针法制作。可以将自己喜欢的布料图案剪裁后贴在素球上，也可以使用绣片，会有类似刺绣手鞠的视觉效果。绣片有一定厚度，因此适合尺寸较大的素球。

第 010 页作品

素球：周长 26.5cm 的黑色素球

分球：无需分球

绣线：金色金属线

制作要点：

· 保持网状连续卷绣的分布平均

· 南北极形成正圆形镂空

· 最后靠近南北极做“一字针”固定，防止卷绣松散

1 选择喜欢的布料剪下图案，用布料封边液（也可用透明甲油）为图案封边，防止边缘开散。

2 确定素球的南北极。取布用胶水，在素球表面贴上图案。在南北极附近留出一定空白区域。

3 剪裁两个大小相同的圆形纸片，将南北极珠针定位在圆纸片的圆心。

4 取金色金属线，穿针后不要剪断线，在贴近纸片圆周处入针。

5 从出针处再入针，重复一两次，剪去多余的线头，此时金属线一端已固定在素球内，这样卷绣期间不需要换线。

6 拉线开始卷绣。拉线轨迹好像将圆球一切为二。

7 卷至南极时，使金属线贴近纸片的圆周。

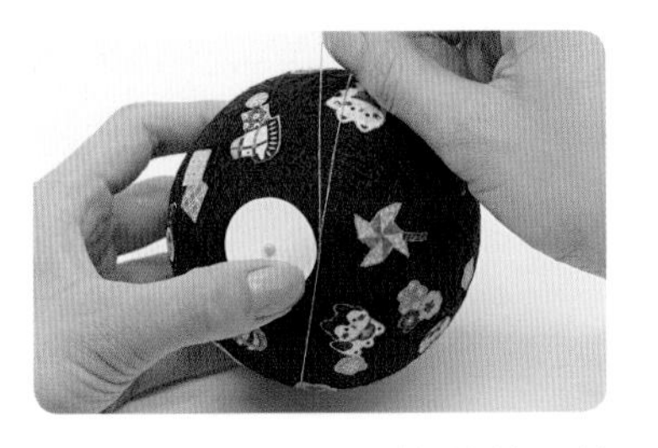

8 拉线一圈后回到起针处，逆时针沿着圆周继续拉线。

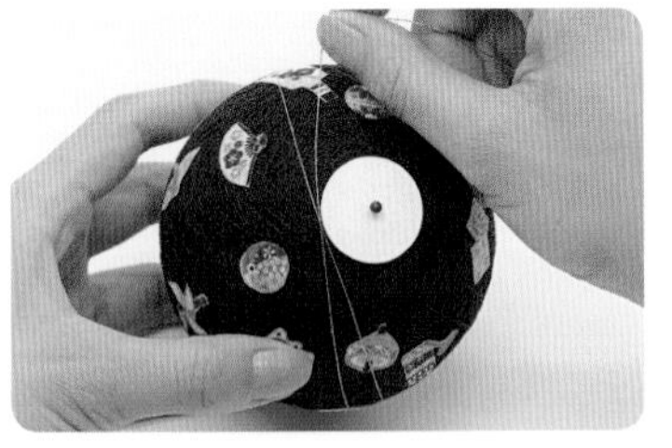

9 到达南极时，顺时针沿着圆周继续拉线。

10 再次回到起针处，逆时针沿着圆周继续拉线。

11 重复一圈圈拉线，保持每圈线的间距基本相同。

12 沿着圆周持续卷绣拉线，注意调整卷绣的间距。

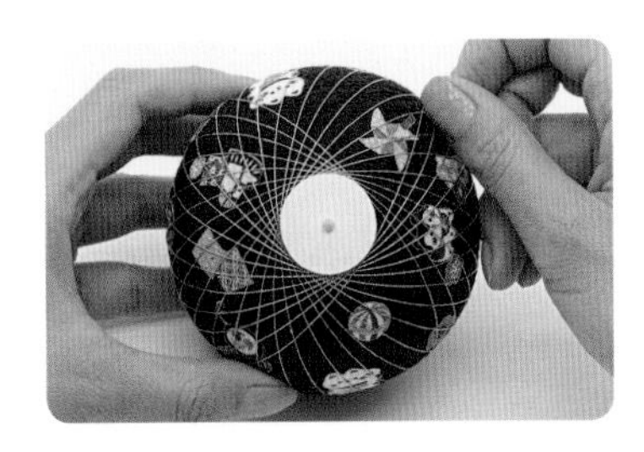

13 不要被重叠的线干扰视觉，按照同样的方法进行即可，金属线会自然叠压形成网状。

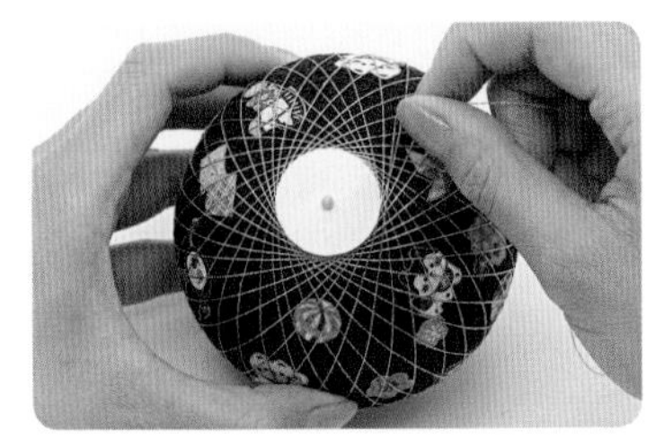

14 紧贴纸片的圆周不断绕线卷绣一圈，最后回到起针点。

15 剪断金属线，穿针向赤道方向入针收线。

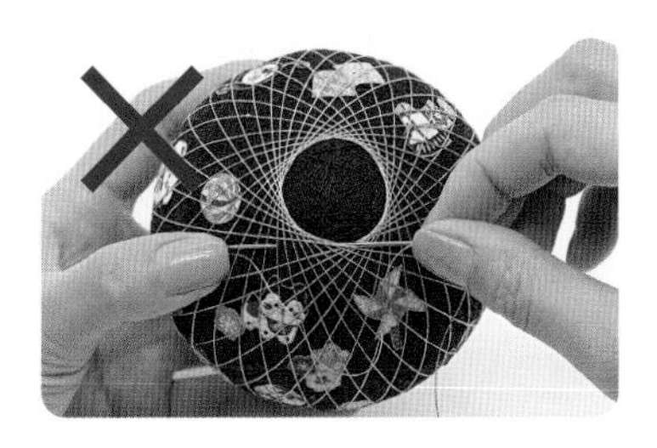

16 不要直接向左侧出针，会使收针点针脚偏移，影响图案效果。

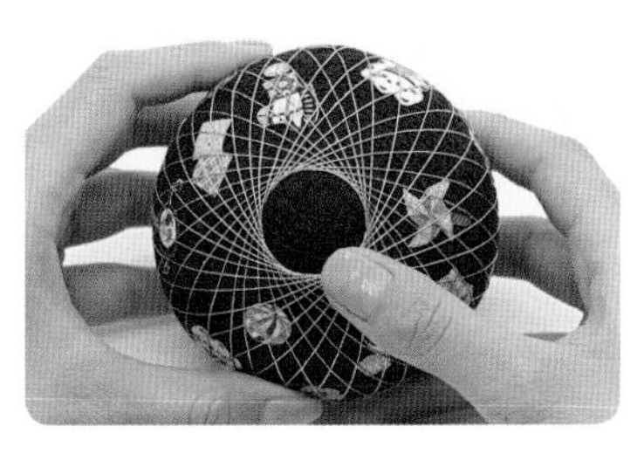

17 收针后，用拇指拨动调整两极处的圆周部分，确保空白区域基本是正圆形的。

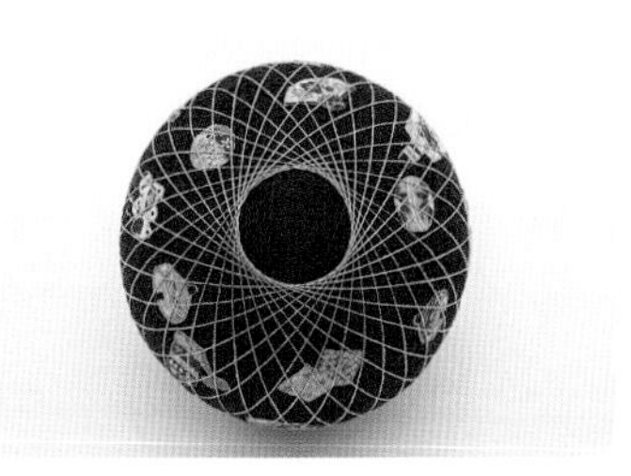

18 卷绣部分完成。

19 取更细的金色金属线，在靠近圆周的卷绣交叉处出针。

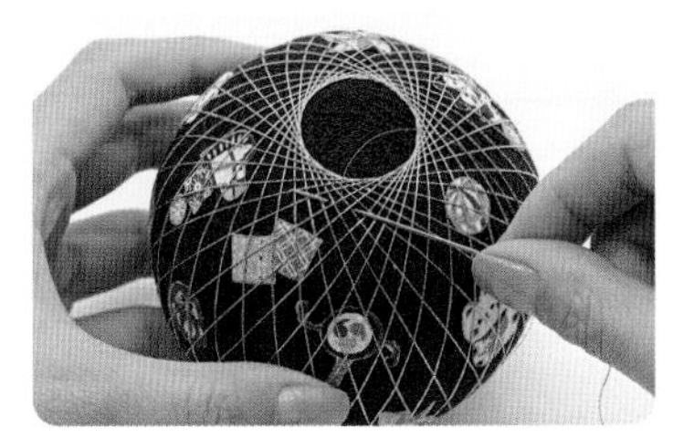

20 在交叉处的右侧入针、左侧出针，固定卷绣的这一圈交叉点。

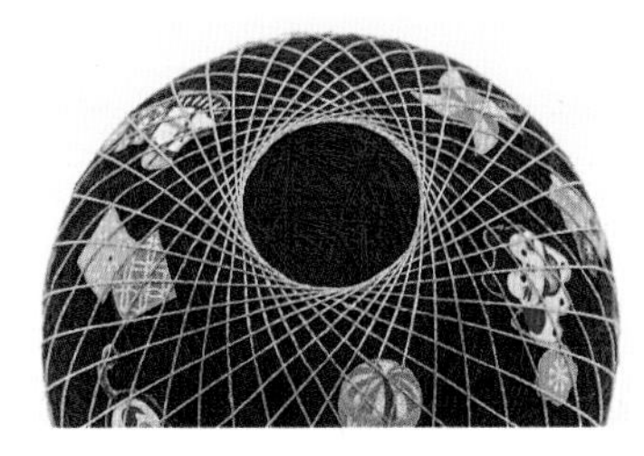

21 固定后的手鞠，在抛玩时卷绣也不易松散。

针法 3

千鸟绣

千鸟是喜好栖息于近海地区的鸻科鸟类的总称。这种鸟体型很小，喙短小，足细长，有前趾无后趾，它们成群地觅食和迁徙。千鸟纹代表着丰盛和克服万难的寓意。手鞠中的千鸟绣是将千鸟纹简化提炼而成的。

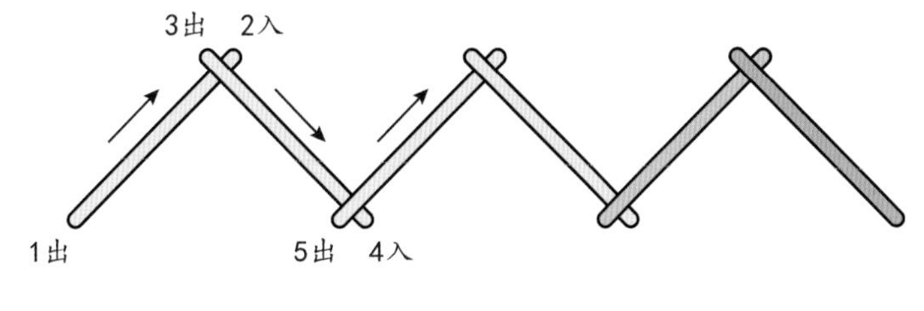

千鸟绣

雏菊

雏菊手鞠完全使用千鸟绣针法制作。作品参考雏菊的配色，一层层千鸟绣像花瓣层层叠叠，因此得名。

第 011 页作品

手鞠作品的命名，有时取自形象，如玫瑰手鞠形似玫瑰花、仙鹤手鞠形似仙鹤等；有时取自传统纹样名称，如麻叶纹、龟甲纹等；还有些由特定主题意象的配色来体现，如卷绣制作的仙鹤手鞠，即是通过白红黑的色彩意象来表达仙鹤主题。雏菊手鞠便是形象与配色相结合而命名的。制作时如果改变配色，原有的色彩意象便不存在，可以根据配色主题重新命名。

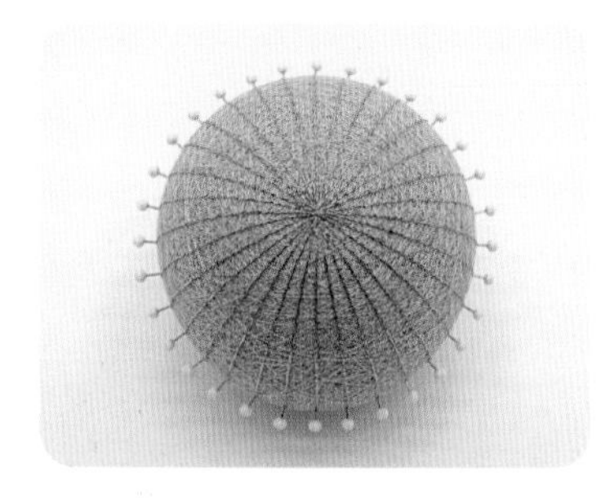

素球： 周长 25cm 的草绿色素球

分球： 用绿色金属线进行不含赤道的 32 等分球，保留赤道珠针

绣线： 5 号线：橘黄色、浅橘黄色、明黄色、浅黄色、浅绿色、深绿色

制作要点：

- 制作中保持分球线的等分状态
- 固定针脚时，挑起部分分球线，使针脚稳定地固定在绣线上
- 巧用自制纸条确定针脚距离

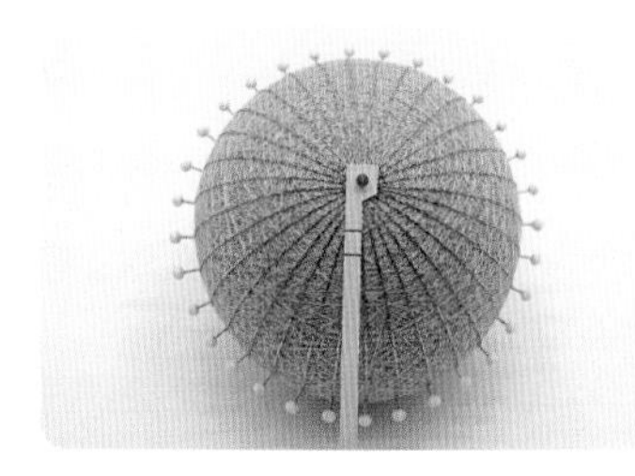

1 如图裁剪分球纸条，将一端固定在极点处。在距离极点 1cm 和 2cm 处，分别用黑笔画线做标记。

2 取橘黄色绣线从上面的画线处起针，在任意一条分球线的左侧出针，即起针点距离极点 1cm 处。

3 出针后引线向右下方，在右侧相邻分球线、距离极点 2cm 的画线处，如图从分球线的右侧入针左侧出针，挑起少量素球线固定针脚。

4 再向右上方相邻的分球线引线。

5 转动纸条，在纸条上方画线处固定针脚。

6 重复以上步骤，依次在纸条上下方画线处固定针脚，进行千鸟绣。

7 一圈千鸟绣后回到起针分球线，在分球线右侧入针，稍远处出针、收针。

8 第一圈千鸟绣的花芯完成。在纸条上，距离下方画线处 1cm 位置继续画线。

9 取浅橘黄色绣线，从上一层千鸟绣的下方如图位置起针。

10 出针后向相邻分球线的右下方引线，转动纸条，在第三道画线处固定针脚。

11 接着向相邻分球线的右上方引线，在上一层千鸟绣的下方如图位置固定针脚。

12 拉紧绣线后，继续向相邻分球线的右下方引线。

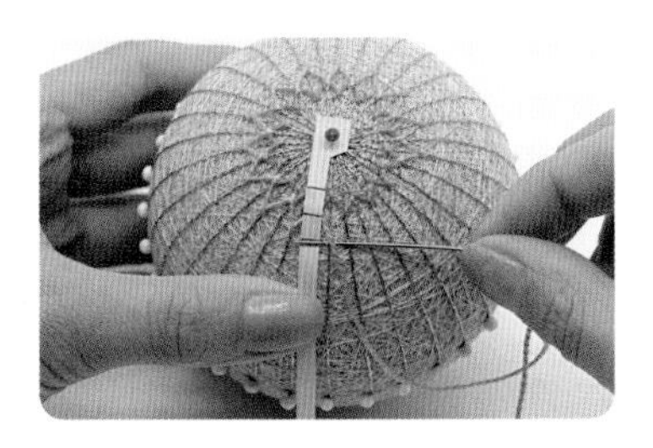

13 重复以上步骤，完成这一圈的千鸟绣。

14 最后回到起针分球线，在分球线右侧入针，稍远处出针、收针。

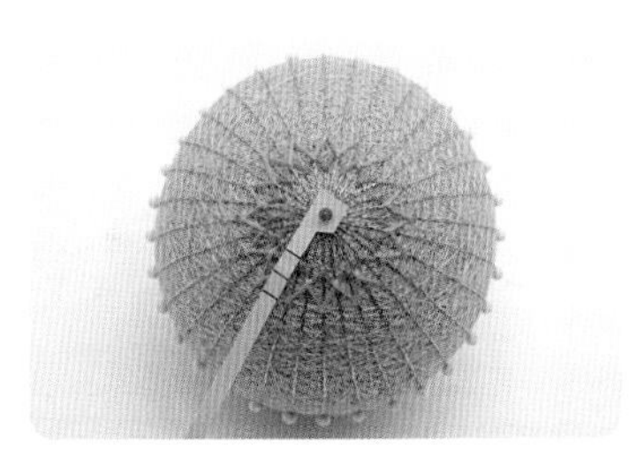

15 第二层千鸟绣完成。

16 以同样的方法，取明黄色绣线进行 4 层千鸟绣，纸条画线依次间隔 1cm。

17 再取浅黄色绣线完成 3 层千鸟绣、浅绿色绣线完成 1 层千鸟绣，纸条画线同样间隔 1cm。

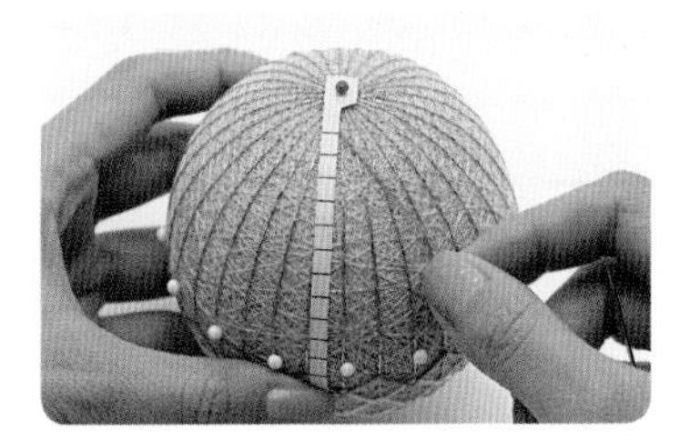

18 反面花纹的绣制，从珠针所在的分球线开始起针。

19 绣制方法和绣线层数与正面完全相同，完成反面花纹的绣制。

20 最后取深绿色绣线，以千鸟绣的针法连接两面浅绿色的绣线，完成绣制。

针法 4

平挂绣

平挂绣主要有四种：三角绣、四角绣、五角绣和六角绣。

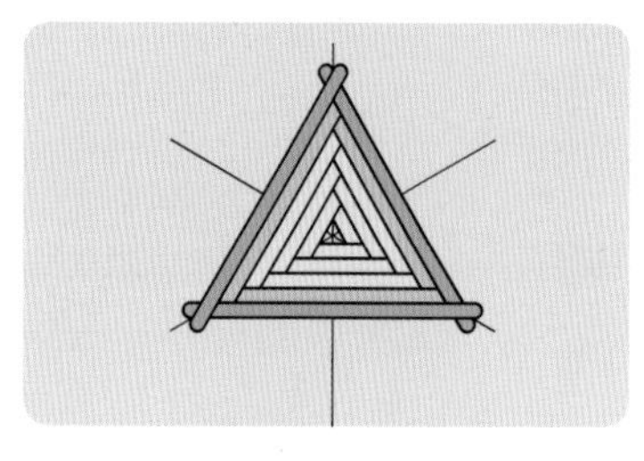

平挂绣 - 三角

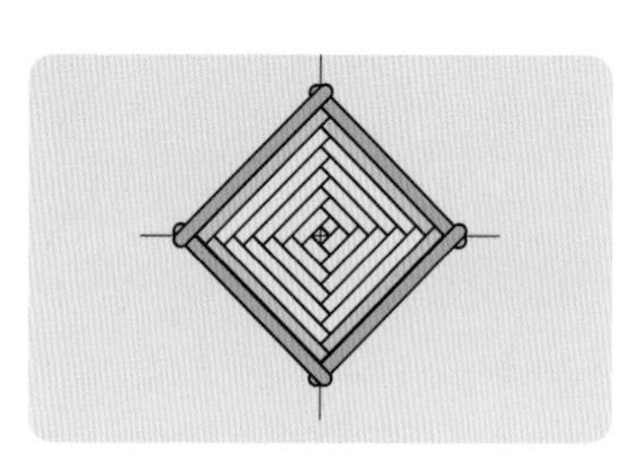

平挂绣 - 四角

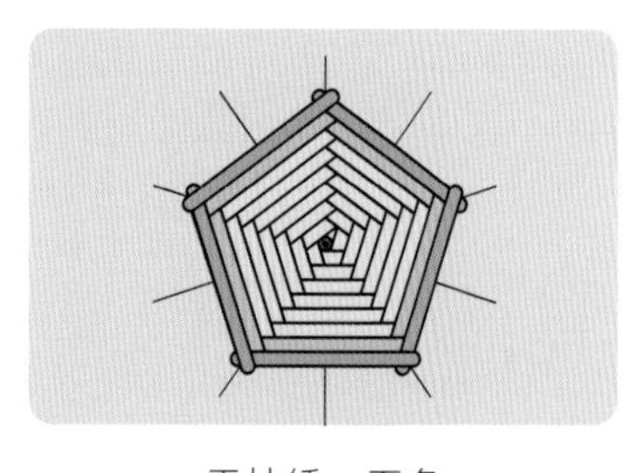

平挂绣 - 五角

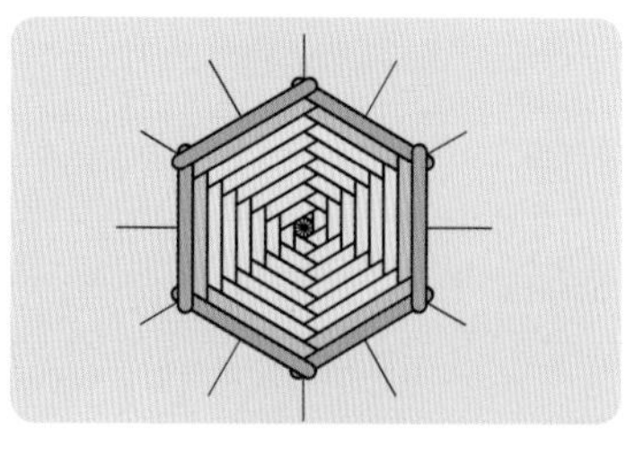

平挂绣 - 六角

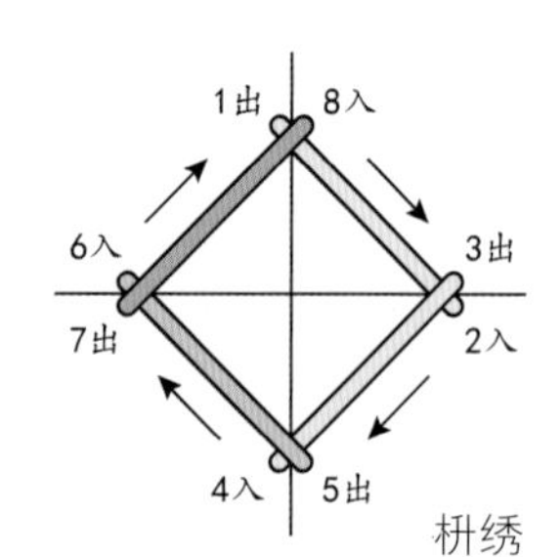

枡绣

其中，正方形的四角绣最为常见，因外形似“枡”，又称作“枡绣”。枡，原本是中国古代计量工具“升”，十合为一升，十升为一斗，十斗为一石。唐代时，日本从中国引进计量单位，由于“升”基本为木制，所以就有了专用日文汉字“枡”，专指这种木质的正方形计量工具。掌握了枡绣，对应不同分球，以同样的方式即可绣制三角、五角、六角等平挂绣类型。

枡

玫瑰

玫瑰手鞠是在两组 4 等分线上交替绣制四角平挂来表现重叠的玫瑰花瓣，完成双面的花朵绣制后，再以松叶绣表现叶子。玫瑰花的颜色有很多，大家在制作时，可以观察自己喜欢的玫瑰花颜色，作为配色灵感。

第 014 页作品

素球：周长 25cm 的浅紫色素球

分球：用白色金属线进行 8 等分球

绣线：5 号线：紫红色系 4 色、绿色系 2 色；白色金属线

制作要点：

· 保持平挂四角绣的正方形形态

· 正反面玫瑰花图案对称分布

1 取紫红色绣线，在靠近极点的图示位置起针。

2 在顺时针方向隔一根分球线处，从分球线右侧入针、左侧水平出针，同时挑起少量素球线。

3 拉紧绣线固定针脚。参照“枡绣”线图，顺时针继续绣制，在隔一根分球线处固定针脚。

4 一圈枡绣的最后一针，注意与上一层的针脚保持一点针距。

5 平挂四角绣的第一圈完成。

6 以同样的方法绣制第二圈。注意第二圈紧贴第一圈向外排列，两层之间既不要有缝隙也不要堆叠。

7 完成 7 圈绣制后，向远处出针，收针。

8 在绣制过程中，针脚整齐排列，保持枡绣的正方形形态。

9 取白色金属线，在间隔的一组 4 等分线上起针。

10 和中心枡绣的方法相同，继续绣制。注意针脚距离中心枡绣约 1mm，防止拉紧绣线后将中心图案变形。

11 完成一圈绣制后，金属线可以不剪断，在稍远处出针留着备用。取珠针在收针处做标记。

12 取浅一色的紫红色绣线，在收针处接着起针。

13 紧贴着金属线继续绣制平挂四角。下一层在上一层针脚的上方出入针，针脚不要堆叠。

14 完成这一组 4 等分线上 7 圈的绣制。

15 再取白色金属线换方向绣制一圈。

16 以同样的浅紫红色绣线，沿这一组方向绣制 7 圈。再换方向用金属线绣制一圈。

17 取深粉色绣线，沿金属线的方向继续绣制 7 圈。注意过程中保持每一层正方形的对称。

18 遇见露出尖角的部分，顺序向外圈绣制即可，使针脚整齐排列避免堆叠。

19 如图所示，紧贴之前的针脚顺序排列。

20 接着用深粉色绣线绣制 7 圈。

21 随着球面弧度增加，会露出前面的绣线，绣制时紧贴同方向的绣线依次排列即可。

22 继续用深粉色绣线绣制 8 圈，完成这一方向的花瓣。

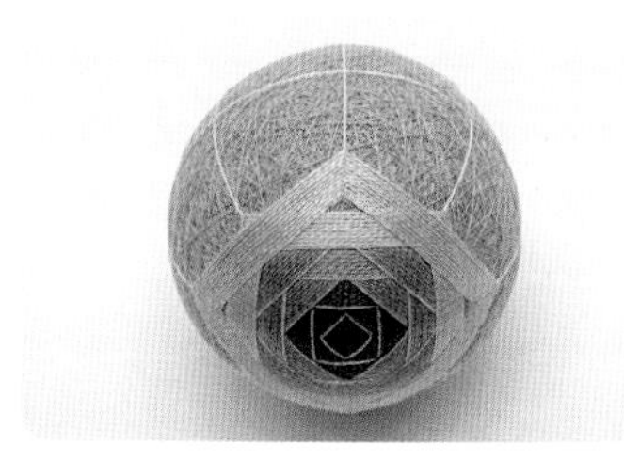

23 最后换用粉色绣线，以同样的方法在两组 4 等分线上绣制平挂四角。分别绣制 9 圈和 10 圈。

24 继续换两次方向各绣制 10 圈。

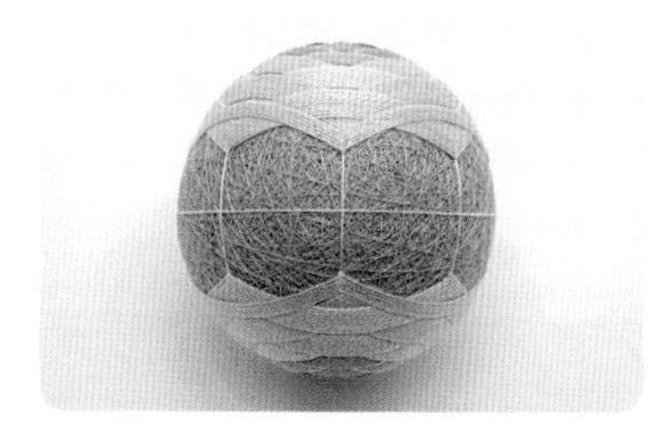

25 最后一次换方向绣制，确保绣制的图案外圈各尖角到赤道的距离相同。

26 以同样的方法绣制反面的玫瑰花图案。注意两面图案的对称。

27 在两面玫瑰花图案之间，靠近赤道的空白部分以松叶绣的针法绣制叶子图案。取深绿色绣线如图起针。

28 完成第一层叶子的松叶绣。

29 取浅绿色绣线，如图在左上方起针。以同样的松叶绣方法继续绣制叶子，使图案更富有层次感。

30 第二层松叶绣完成。一处叶子完成。以同样的方法完成剩下 3 处叶子的绣制。

针法 5

上下同时绣

上下同时绣，即在球体南北半球上下来回绣制图案的针法。多层的上下同时绣，绣线会在赤道点交汇，并产生交叉扭转。

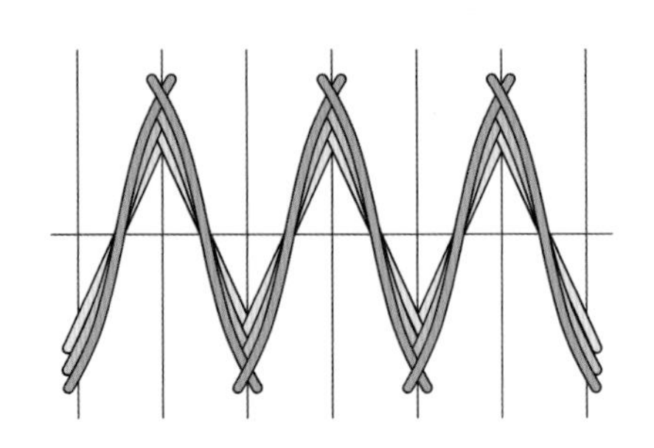

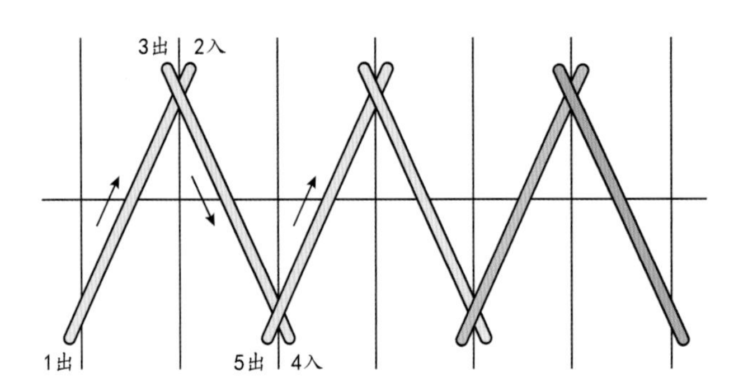

春芽

一到初春，我就开始期待楼下的那棵樱花树开花。某天路过时发现枝头挂满了绿芽，十分开心，春芽手鞠的灵感便来源于此。分球线和赤道部分的春芜色对应了树干，是带灰调的深绿色。往极点延伸的色彩变得更有生命力，好似向上而生的枝条上挂满了新生的黄绿色和沐浴阳光后翠绿色的嫩芽。

第 012 页作品

素球： 周长 25cm 的白色素球

分球： 用灰绿色 8 号线进行 16 等分球

绣线： 8 号线：灰绿色、芽绿色、黄绿色、翠绿色

制作要点：

· 双股绣线平整不拧线

· 针脚的搭线方向一致

· 绣线的线条排列顺畅，在赤道点整齐交汇

1 如图裁剪分球纸条后，将其一端固定在极点处。在距离极点 1cm 处用黑笔在纸条上画线标记，然后间隔 0.5cm 用红笔和黑笔交替画线，使黑（红）色画线之间相距 1cm。

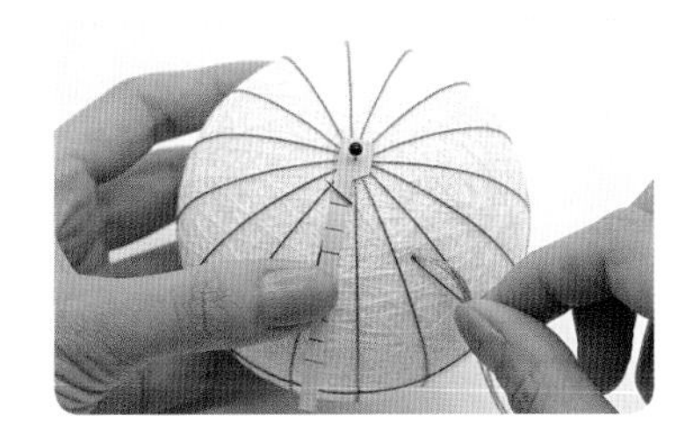

2 取芽绿色绣线双股，在纸条上靠近北极的第一道黑色画线处起针。

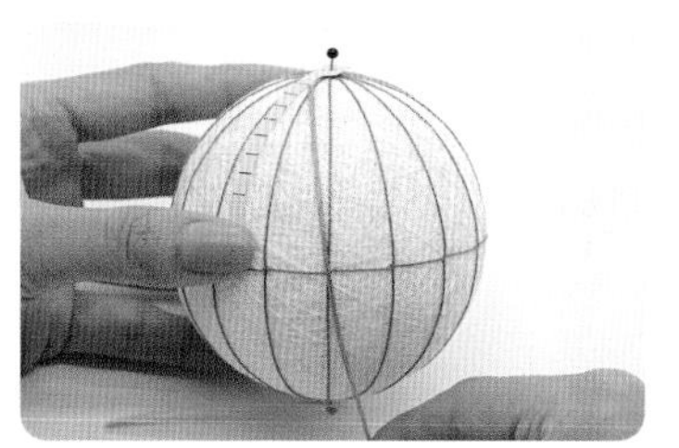

3 出针后向右下方引线，经过右侧相邻分球线上的赤道点。

4 再向下一根相邻的分球线引线，延伸至南极处。

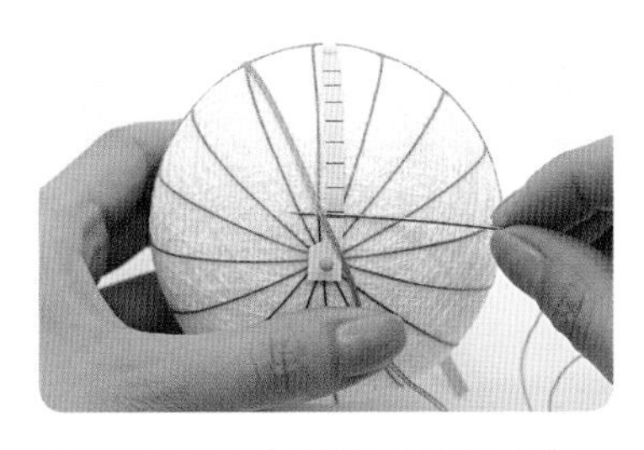

5 在靠近南极的纸条上的第一道黑色画线处固定针脚。

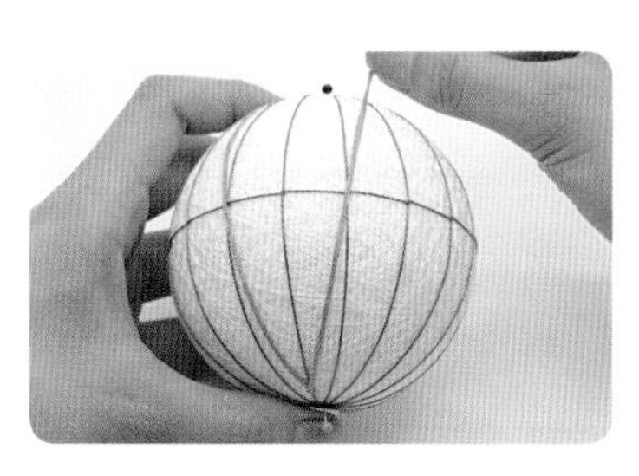

6 接着向右上方引线，经过赤道点，延伸至北极。

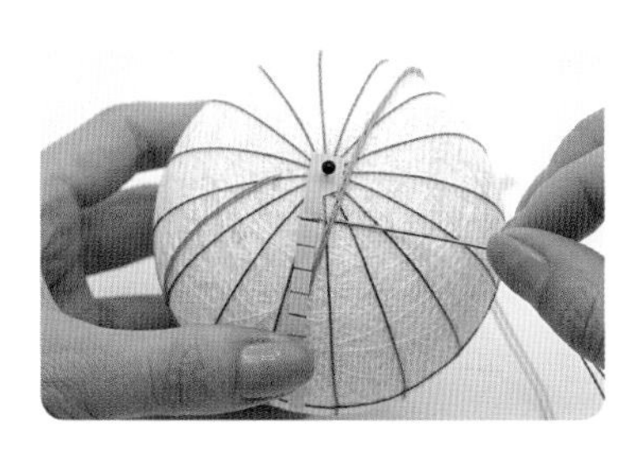

7 在靠近北极的纸条上的第一道黑色画线处固定针脚。

8 继续向南半球引线，经过赤道点。

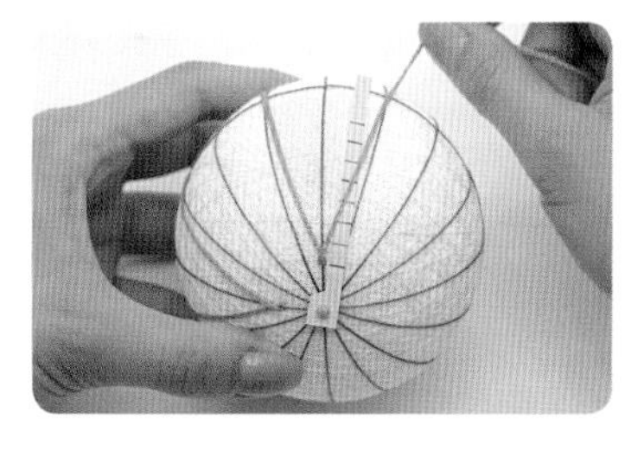

9 在南极处固定针脚后，再向北半球引线。

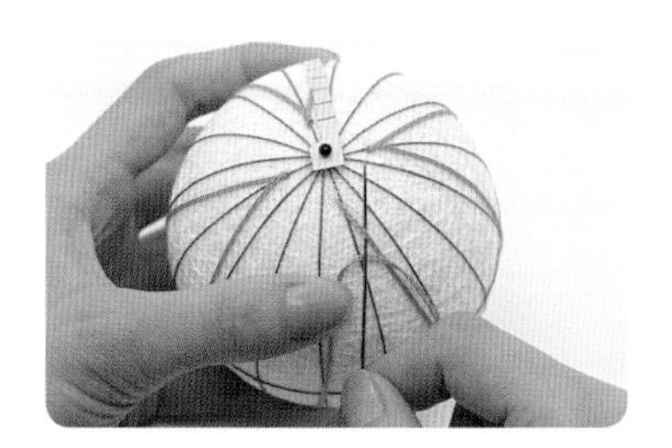

10 绣制一圈后回到起针点，从起针处绣线的下方穿过，使所有针脚搭线方向一致。

11 在起针点分球线的右侧入针，在稍远处出针、收针。

12 一圈上下同时绣完成。北极处的针脚搭线均呈“入”字形排列。

13 在间隔一根分球线上再次起针，拉紧绣线后向南半球引线。

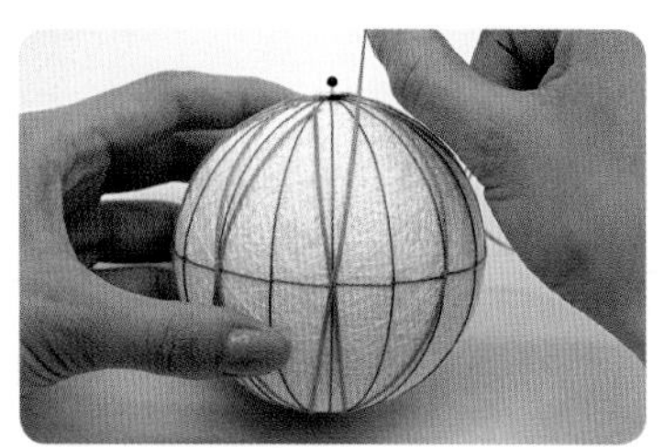

14 在南北半球间引线时，注意使绣线在赤道点交汇。

15 在绣制过程中保持双股绣线平整不拧线。可以从双股绣线之间入针。

16 这一圈上下同时绣完成。

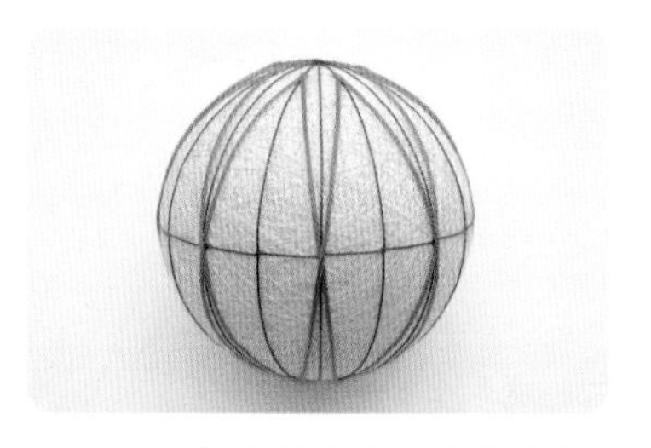

17 双股绣线整齐交汇在赤道点。

18 继续取芽绿色绣线，在靠近北极的纸条上的下一道黑色画线处起针。

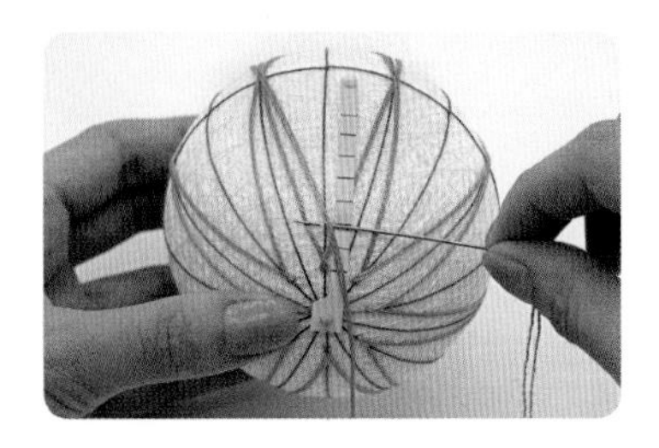

19 引线至南半球，在南极处的纸条上的下一道黑色画线处固定针脚。

20 注意引线时将绣线平整交汇在赤道点。

21 这一圈的第二层完成。

22 完成另一个起针处的第二层上下同时绣。

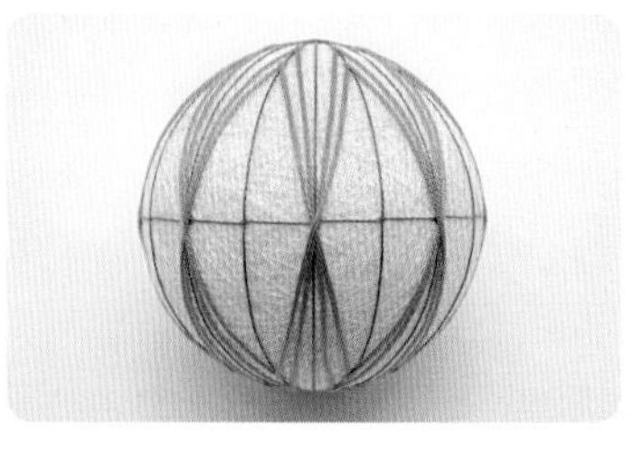

23 注意保持每一层绣线间距一致。

24 换取黄绿色绣线双股，在靠近北极的纸条上的第一道红色画线处起针。

25 向南半球引线，经过赤道点。

26 重复以上步骤，完成黄绿色两层的绣制。

27 以同样的方法，换取翠绿色绣线，接在芽绿色后完成两层的绣制。

28 换取灰绿色绣线，换方向接在黄绿色后完成一层的绣制。

29 最后再取灰绿色绣线，从靠近赤道处空白小三角的中心出针。

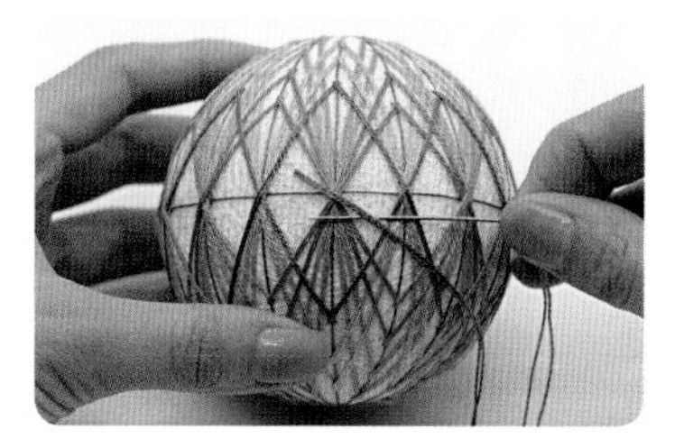

30 向右下方小三角的中心引线，挑起中心处少量素球线固定针脚。

31 再向右上方小三角的中心引线，挑起中心处少量素球线固定针脚。

32 一圈千鸟绣装饰完成，同时起到固定赤道交叉点的作用。

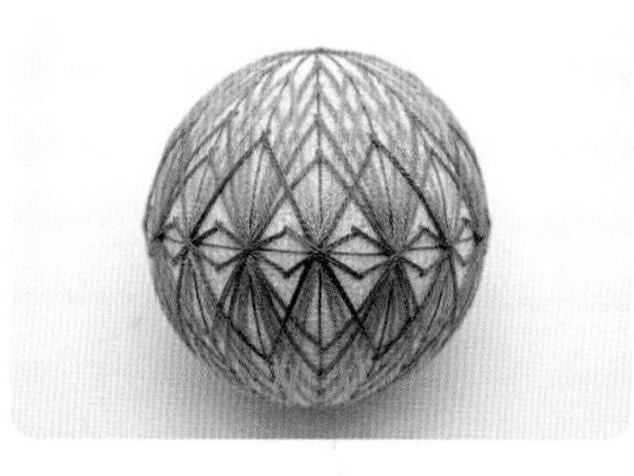

33 以同样的方法，完成另一圈赤道千鸟绣。

针法 6

上挂千鸟绣

上挂千鸟绣，是在千鸟绣的基础上，下一层千鸟绣的绣线向上挂住上一层千鸟绣的绣线，形成“小辫子”状图案的针法。手鞠最为经典且极具代表性的图案“菊”，便是以上挂千鸟绣针法绣制的。上挂千鸟绣应用非常广泛，想要制作出整齐漂亮的“小辫子”，还需要跟着教程多练习。

上挂千鸟绣有两种形态：

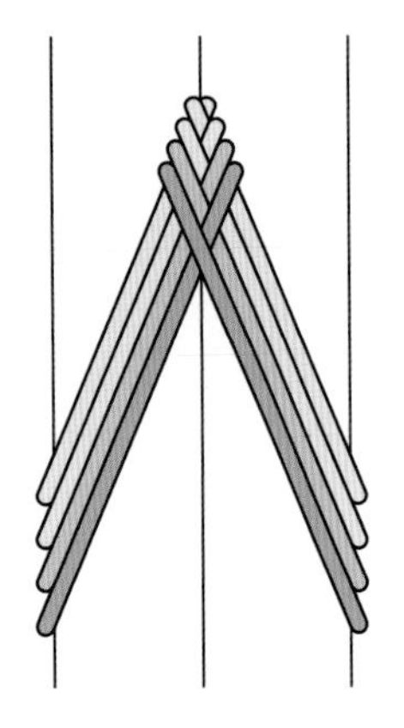
上挂千鸟绣 1

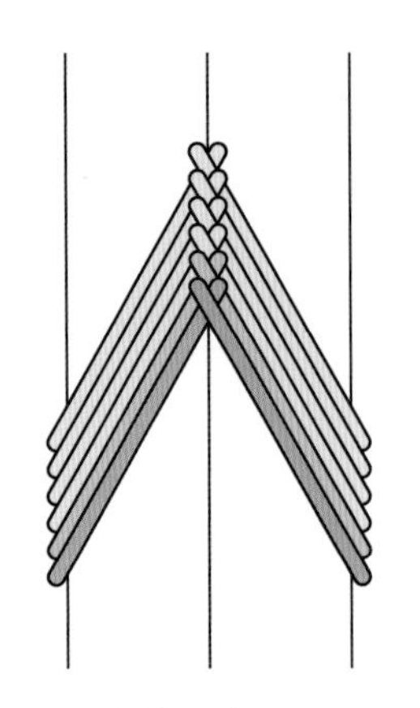
上挂千鸟绣 2

阿玉的手鞠

阿玉的手鞠正是我们的手鞠形象“阿玉”手上那枚手鞠的同款。这个作品是将手鞠最经典的上挂千鸟绣图案和中国红相结合，寄托了更多的美好祝愿。

第 013 页作品

素球： 周长 25cm 的红色素球

分球： 用浅黄色 5 号线进行 12 等分球

绣线： 5 号线：浅黄色、浅粉色、奶白色、正红色

制作要点：

· 保持绣线的搭线方向一致

· 巧用自制纸条，使上挂千鸟绣起针处到极点距离相同

· 保证上挂“小辫子”层层整齐排列

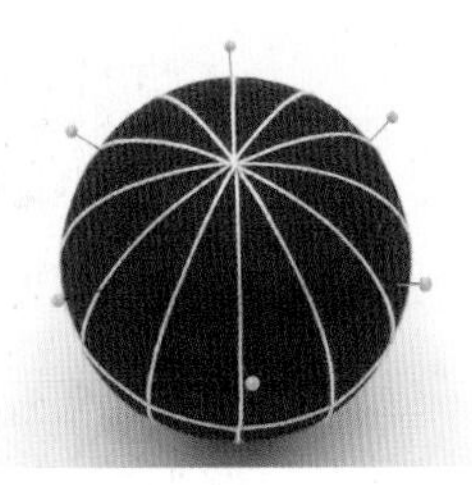

1 每隔一根分球线，在赤道到极点长度的 1/3 处，取黄色珠针定位。

2 取浅粉色绣线，从任一珠针定位点的分球线左侧起针。

3 如图剪裁分球纸条，将其一端固定在极点处。珠针点到画线处的距离（图示为 1cm），便是针脚到极点的距离。

4 从起针点向右侧一根分球线的上方拉线，转动纸条贴近分球线，在画线位置的分球线右侧入针，左侧水平出针，挑起少量素球线固定针脚。

5 拉紧绣线，让针脚刚好落在纸条的画线位置。再向右侧一根分球线的下方珠针处拉线。

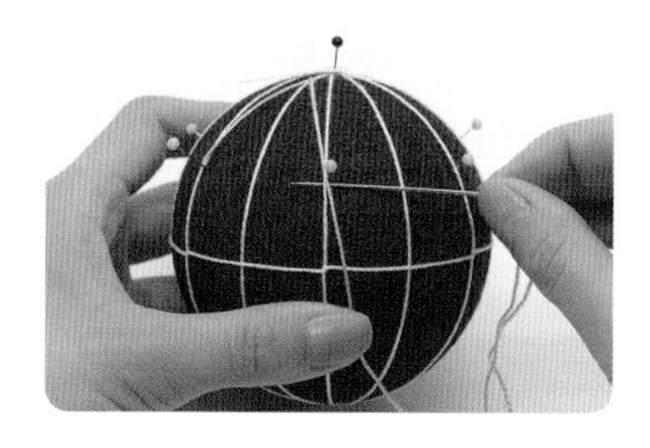

6 在珠针定位点的分球线右侧入针，左侧水平出针，挑起少量素球线固定针脚。

7 再向右侧一根分球线的上方拉线。

8 转动纸条，重复步骤 5~7。

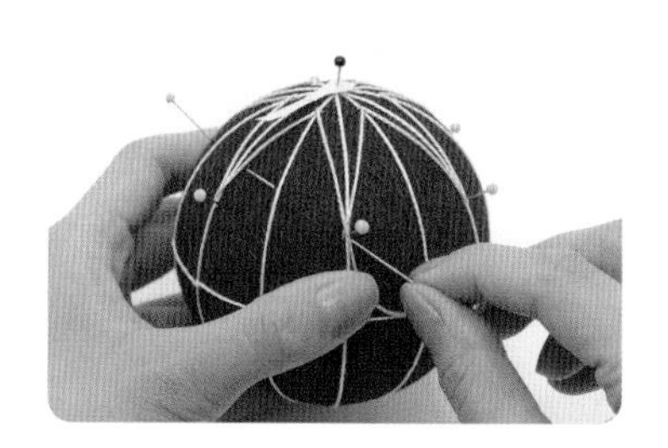

9 完成一圈回到起针点，从珠针点分球线右侧入针，左上方稍远处出针。

10 收针后，将起针点的黄色珠针移动至下方对应的赤道点，标记起针点。拔掉剩余的珠针。

11 在间隔的 6 根分球线上，同样在赤道到极点长度的 1/3 处，取橘色珠针定位。

12 同样取浅粉色绣线，在黄色珠针左侧的橘色珠针点处起针，向右侧分球线的上方拉线。

13 以同样的方法绣制这一圈，完成第一层花纹，取下纸条。借助纸条，可确保上方针脚到极点的距离都是相同的。

14 将这一圈起针的橘色珠针移动至下方对应的赤道点，拔掉剩余的橘色珠针。

15 取浅粉色绣线，再从黄色珠针处起针，开始第二层花纹的绣制。注意在距离上一层约 2mm 的位置起针，防止拉紧后花瓣尖处的绣线堆叠。

16 使第二层绣线紧贴第一层绣线排列。注意当绣线不够长时，务必在如图下方花瓣尖的位置换线。

17 第二层在紧贴第一层针脚处挑线，出入针略宽于第一层针脚。

18 如图将第二层针脚挂住第一层针脚，且略宽于第一层，然后继续沿着第一层拉线。

19 绣制下方花瓣尖时，在距离上一层约2mm的位置入针，防止花瓣尖处的绣线堆叠。

20 拉紧绣线，沿着第一层绣线继续绣制。

21 绣制一圈后回到起针处，从分球线右侧入针，水平向左边分球线的左侧出针。

22 开始这一圈第二层的绣制。

23 完成这一圈绣制后，向起针处的左上方出针，收针。

24 两层上挂千鸟绣完成。

25 再次从黄色珠针标记的分球线起针，开始绣制第三层。第三层上方的针脚挂住第二层针脚，且略宽于第二层。

26 绣制过程中，可以及时调整如图部位。用针尾向下拨动绣线，使绣线层层紧密排列，花瓣呈现饱满的弧度。

27 三层浅粉色绣制完成后，换奶白色绣线完成第四层绣制。

28 奶白色绣线共绣制四层。此时可以明显看出上挂千鸟绣的“小辫子”形态，“小辫子”呈扇形一层层整齐排列。

29 换正红色绣线，绣制最后一层上挂千鸟。上挂“小辫子”处紧贴上一层且略宽于上一层出入针。

30 这一半球的上挂千鸟绣完成。

31 以同样的方法完成另一半球的上挂千鸟绣，控制针距使各个花瓣尖到赤道距离基本相同。赤道的空白部分将绣制腰带。

32 拆掉较粗的赤道线，可以保证卷绣腰带的平整。取浅黄色绣线，如图在下方花瓣尖的右侧入针，注意穿针后不要剪断绣线。

33 在出针的同一点再次入针，向刚才相反方向稍远位置出针，将线拉出。

34 剪去多余的线头，此时绣线一端已固定在素球内。这样卷绣腰带期间不需要换线。

35 转动球体，调转南北半球，便于右手拉线。贴近上方的花瓣尖拉动绣线。

36 绕一圈后继续绕圈拉线，注意使每一圈绣线紧密地顺序排列，不要堆叠或者出现缝隙。

37 将绕线填满南北半球图案之间的空白区域，如果有缝隙可以用手指将绣线推紧。

38 在起针分球线的右侧入针，收针。

39 卷绣腰带完成。

40 取正红色绣线，在腰带起始处的分球线左侧出针。

41 向右下方拉线，在腰带和花瓣尖之间挑起少量素球线和分球线，进行千鸟绣。

42 一圈千鸟绣完成。

43 再从腰带下方起针，按相同的方法进行一圈千鸟绣。

44 千鸟绣装饰完成。千鸟绣不仅起到装饰作用，还可以固定卷绣的腰带。

阿玉的手鞠 2

另一种上挂千鸟绣的做法。

先来看一张合照对比图。排队整齐等你来“找茬”。

图中左右手鞠以同样的素球、分球和绣线制作，使用的针法都是上挂千鸟绣，区别在于上挂千鸟每一层的挂线方式。一种“小辫子”是层层针脚呈扇形排列，而另一种是每一层针脚以相同长度直线排列。下面我们就来看看另一种上挂千鸟如何绣制。

第 013 页作品

两种上挂千鸟绣合照

1 前面的制作步骤同《阿玉的手鞠》制作步骤 1~13。

2 第二层紧贴第一层针脚挑线，出入针宽度等于第一层针脚。注意不要宽于第一层。

3 如图第二层针脚挂住第一层针脚，且宽度等于第一层。然后继续沿着第一层拉线。

4 依次完成第二层的绣制。

5 第三层从一、二层之间出入针，针脚仅挂住第二层。

6 第三层绣制完成。三层针脚以相同大小整齐排列。

7 换取奶白色绣线进行第四层的绣制。第四层的针脚仅挂住第三层。

8 绣制过程中，可以调整每一层绣线排列的间距，使排列更加整齐。

9 保持每一层挂线呈直线排列。

10 第四层绣制完成。此时可以明显看出这种上挂千鸟绣的“小辫子”形态。

11 用奶白色绣线共绣制四层，而后换正红色绣线绣制一层。这一半球的图案绣制完成。

12 以同样的方法完成另一半球的上挂千鸟，最后在图案之间赤道的空白部分卷绣腰带，并以千鸟绣固定装饰。制作方法同《阿玉的手鞠》步骤 31~44。

针法 7

下挂千鸟绣

下挂千鸟绣，是在千鸟绣的基础上，每一层千鸟绣向下独立挂线。注意区别于上挂千鸟绣。在针脚形态上，上挂呈“入”字形，下挂呈“人”字形。

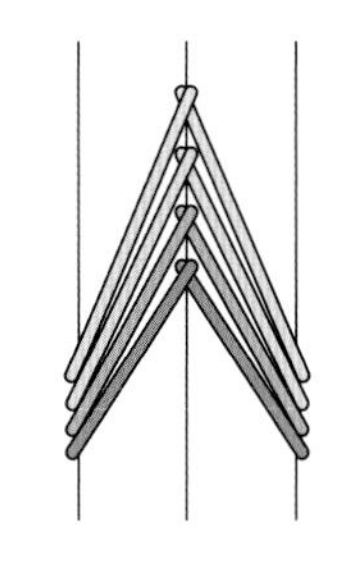

下挂千鸟绣—等距

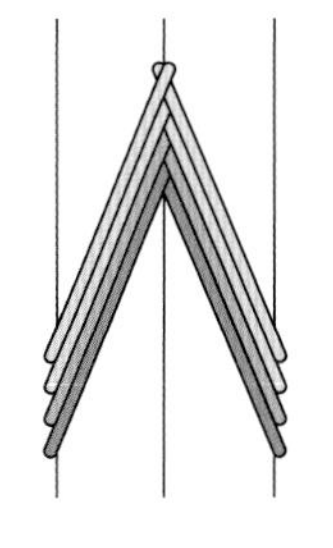

下挂千鸟绣—紧密

八芒星

八芒星图案广泛地分布在欧亚大陆的各个文明中，它代表了太阳，同时也是幸运的象征。八芒星手鞠主要应用了下挂千鸟绣针法，选用温暖而明亮的黄色系来表现主体图案。腰带装饰虽然是常用的卷绣和千鸟绣，但加入了一些巧妙的设计感。

第 016 页作品

素球：周长 25cm 的天蓝色素球

分球：用浅金色金属线进行 8 等分球

绣线：5 号线：明黄色、中黄色、浅黄色、白色、天蓝色

制作要点

- 针脚呈“人”字形，保持绣线的搭线方向一致
- 巧用自制纸条，使下挂千鸟绣起针处到极点距离相同
- 保持每一层挂线间距一致
- 注意靠近赤道处的针脚紧密排列，针距不要过大

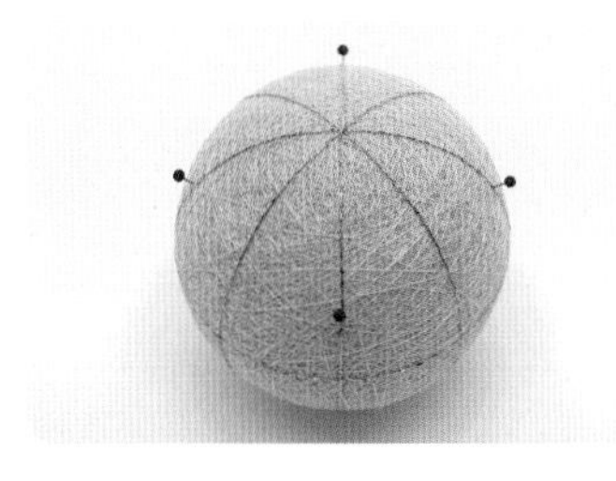

1 每隔一根分球线，在赤道到极点长度的 1/3 处，取红色珠针定位。

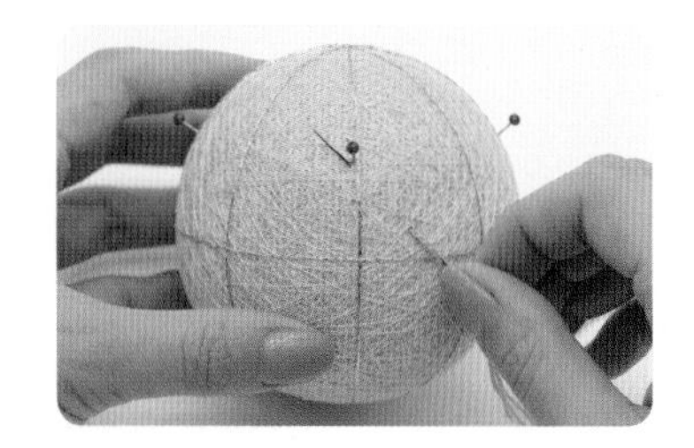

2 取明黄色绣线，从任意一枚珠针所在的分球线左侧起针。

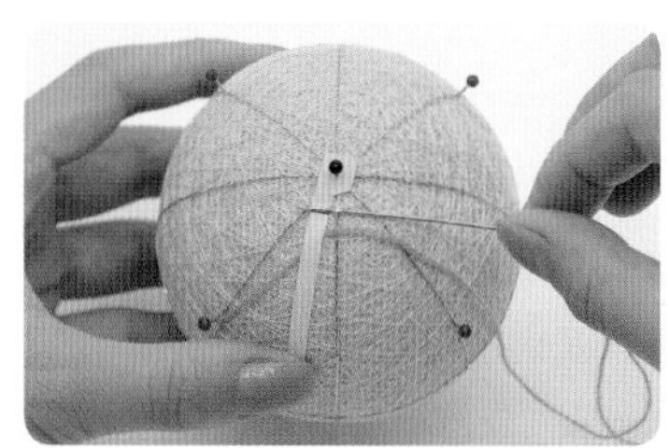

3 如图剪裁分球纸条，将一端固定在极点处。在画线处挑线固定针脚。珠针点到画线处的距离（图示为 8mm）便是针脚到极点的距离。

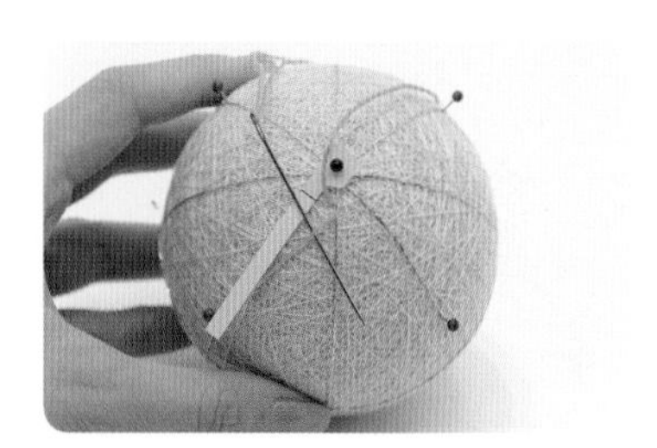

4 注意出针拉线后，让针从绣线下方穿过。

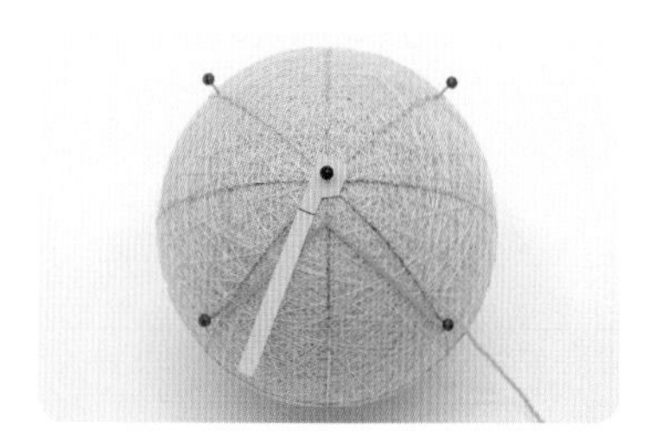

5 拉紧绣线，针脚呈现“人”字形。再向右下方珠针处引线。

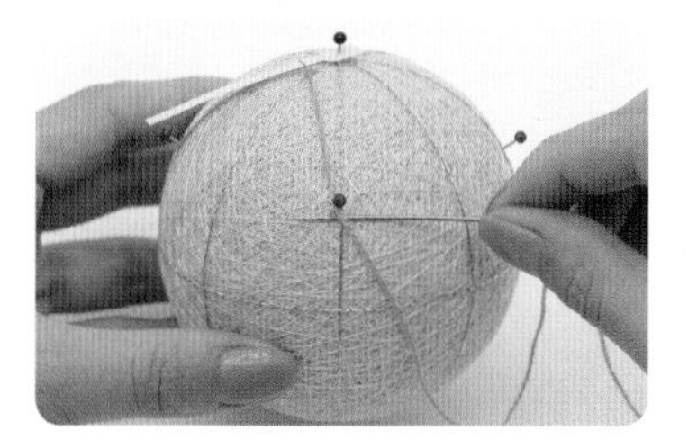

6 在红色珠针处固定针脚。

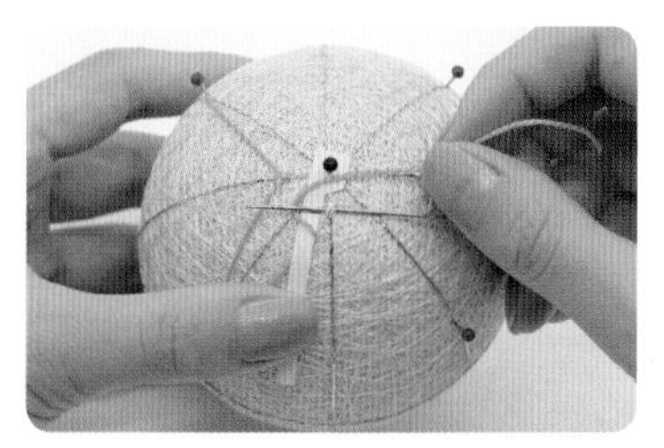

7 在纸条上的画线处入针后，可以将绣线绕到针的下方再出针，拉线固定针脚即可呈“人”字形。

8 一圈绣制完成，拔掉珠针。

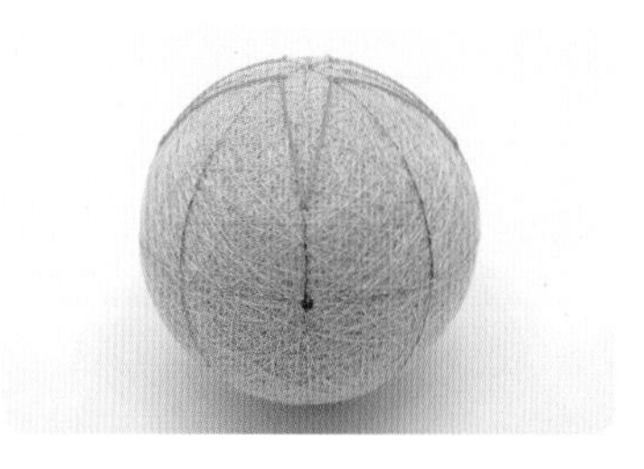

9 将起针点的珠针标记在对应赤道点处，使后续针脚搭线方向一致。

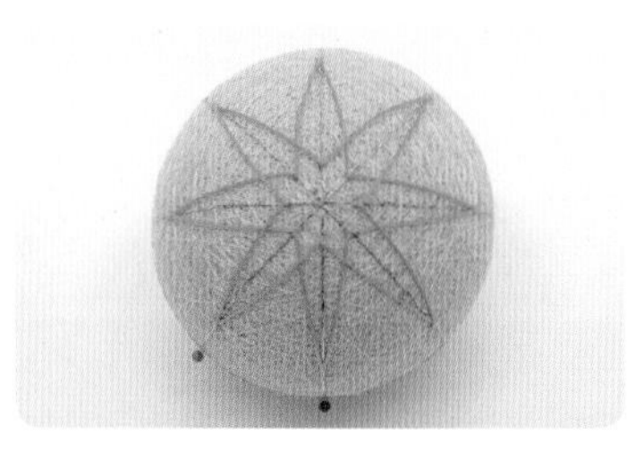

10 以同样的方法完成间隔分球线上的下挂千鸟绣。

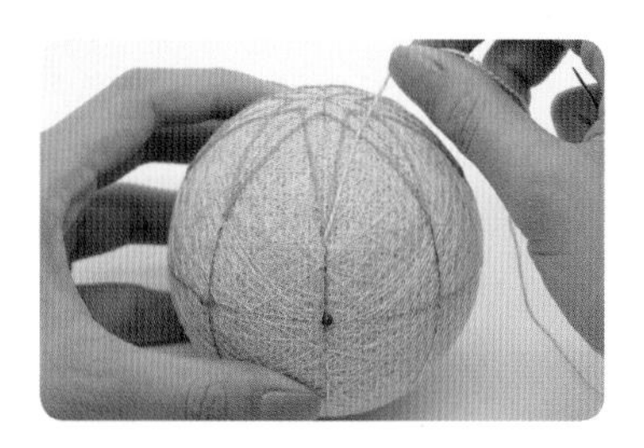

11 取中黄色绣线，在第一圈的起针处接着绣制。

12 这一层下挂千鸟绣的针脚与上一层间隔一定的距离，约 2mm~3mm。

13 拉线时用左手拇指按住针脚处，可以防止针脚乱跑。

14 固定针脚后，向右下方引线继续绣制。

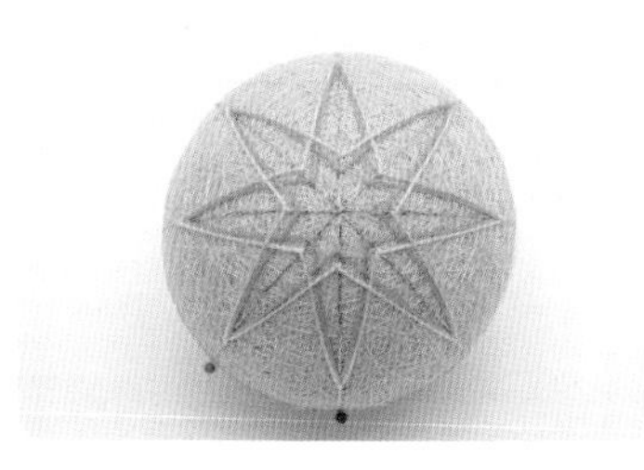

15 完成这一层的花纹。

16 以同样的方法，继续以中黄色、浅黄色、白色绣线绣制，完成两面八芒星的图案。

17 取明黄色、白色绣线，在赤道空白处卷绣腰带。注意卷绣首尾接缝要整齐。

18 取天蓝色绣线，以千鸟绣固定装饰腰带。

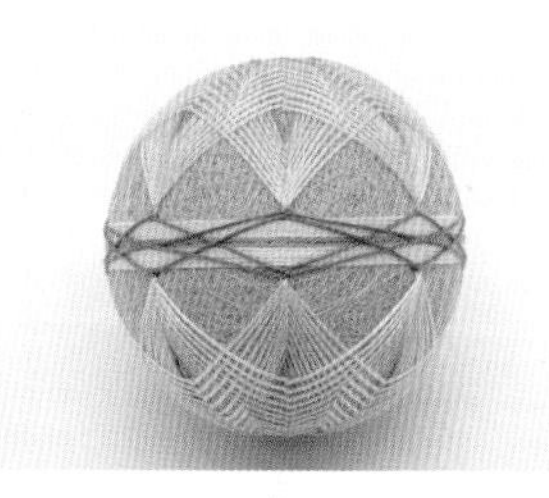

19 隔一根绣线再以千鸟绣装饰腰带。

针法 8

三羽根龟甲绣

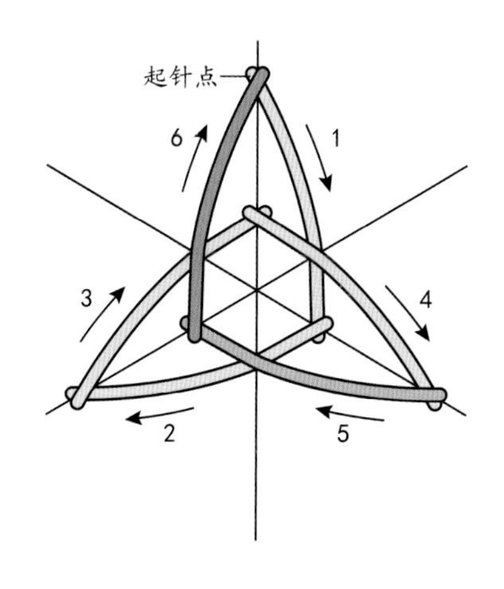

三羽根龟甲绣

三羽根龟甲不仅是针法名称，也是形成的图案名称。羽根，在日语中表示用羽毛制作的东西或者模仿羽毛的样子。龟甲，六边形模样形似龟的背甲，因此又称龟背纹。龟甲纹图案，在我国先秦时期就已被应用；到唐代时，龟甲纹被广泛地用于织锦的图案或作为衣物及铠甲的装饰纹样等。三羽根龟甲图案有吉祥、长寿、健康的寓意。

绣制三羽根龟甲图案，更易于掌握的方法是，先在中心做平挂六角绣，这样更容易确保龟甲部分呈对称的正六边形，同时三羽根龟甲作为主体图案更为饱满。也可以直接绣制三羽根龟甲，直接绣制出的三羽根龟甲形态更“瘦”，适合作为装饰纹样。

三羽根龟甲

三羽根龟甲手鞠以两个半球对称的三羽根龟甲绣为主体图案，空白处装饰上挂千鸟绣。通过配色突出图案的主次。空白处的上挂千鸟绣，不同于《阿玉的手鞠》中两半球对称的形态，但制作要点是相同的，尤其注意绣制时整理绣线，使“小辫子”的出入针更有空间。当然，也可以灵活运用其他针法，在空白部分做装饰。

第 017 页作品

素球：周长 25cm 的薄荷蓝色素球

分球：用金色金属线进行 6 等分球

绣线：5 号线：灰白色、长春花蓝色、浅粉色、石绿色

制作要点：

· 中心龟甲部分呈对称的正六边形

· 三羽根的尖部平整排列不堆叠，两面的三羽根在赤道处相触碰

· 空白处上挂千鸟绣与三羽根相触碰

1 取灰白色绣线，在靠近极点的图示位置起针。

2 在中心完成 4 圈六角平挂绣。

3 在间隔的 3 根分球线上、赤道到极点长度的 1/3 处，取黄色珠针定位。

4 转动素球，如图，在珠针所在分球线的左侧起针。

5 向右下方引线，紧贴中心六边形的边。

6 转动素球，在中心六边形的顶角处固定针脚。

7 继续紧贴六边形引线到下一枚珠针处。

8 在珠针处固定针脚，从分球线的右侧入针左侧出针，注意挑起少量素球线和分球线。

9 继续向右下方引线，紧贴中心六边形的边。

10 转动素球，固定针脚后继续引线。

11 重复以上步骤，完成一圈的绣制，三羽根龟甲图案初步形成。

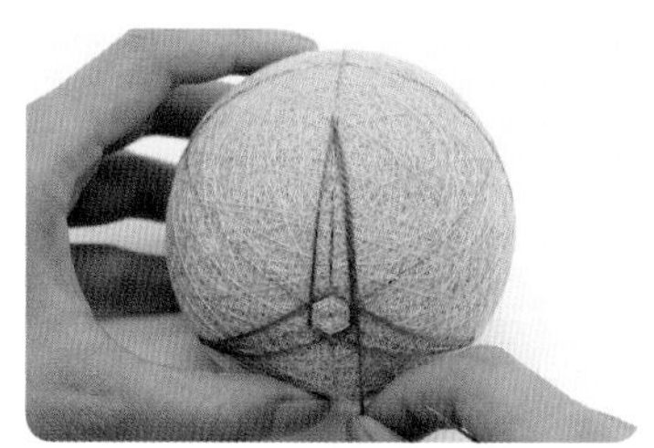

12 紧贴着第一层绣线，开始绣制第二层。

13 绣制三羽根尖部的前几层时，注意空出约 1mm~2mm 的针距，防止绣线在尖部堆叠。

14 3 层长春花蓝色的三羽根龟甲绣制完成。

15 之后更换绣线颜色，以同样的方法绣制三羽根龟甲，直到三羽根的尖部触碰赤道。

16 以同样的方法完成另一半球的三羽根龟甲绣，注意羽根尖部两两相对。

17 取金色金属线，在图案空白处添加辅助线，使 4 等分变为 8 等分。

18 取灰白色和浅粉色，分别在 3 处空白部分绣制上挂千鸟为装饰，通过配色突出图案的主次。

针法 9

星绣

星绣针法的得名非常形象，即五角星的形状。星绣的方法有两种。

我们通过两个手鞠作品来练习这两种星绣的方法。

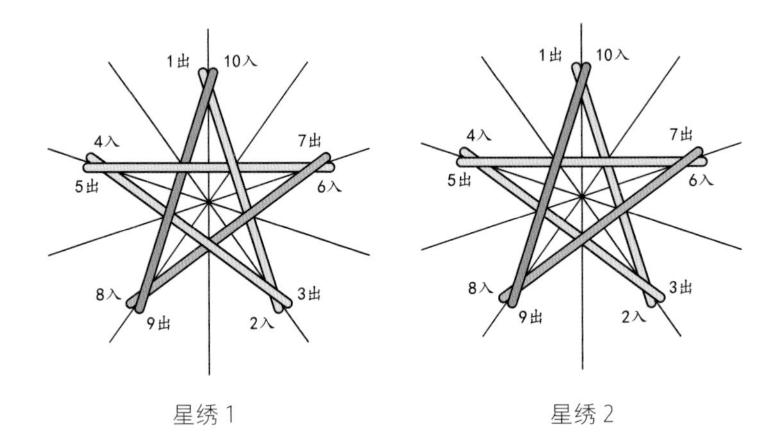

星绣 1　　星绣 2

星灿

五角星的图案在生活中随处可见，如何让经典的图案有自己的特色，就要通过配色来实现啦！以星为主题自然想到天空，蓝色具有天空的意象，作为主题色给人以平和与灵性的心理感受；用不带有冷暖偏好的中性色银白色作为辅助色，间隔浅紫色，表现了星空的澄净；橘色和蓝色是一对互补色，橘色作为点缀色便形成了对比的色彩关系，使整体配色多了一分活力。简洁整齐的针法图案搭配对比的色彩效果，会带给我们趣味、愉悦和秩序感。

第 018 页作品

素球： 周长 25cm 的深蓝色素球

分球： 用银色金属线进行 10 等分球

绣线： 5 号线：银白色、橘色、浅紫色、浅蓝色；银色金属线

制作要点：

· 中心平挂五角绣呈正五边形，极点到顶角的长度约为极点到赤道的 1/4

· 五角星的起针点在极点到赤道距离 1/2 处

· 五角星饱满完整，不露出素球底

1 取银白色绣线，在任意一根分球线的左侧靠近极点处起针。

2 按起针的顺时针方向走线，隔一根分球线入第二针，从分球线右侧入针左侧水平出针，同时挑起少量素球线来固定针脚。

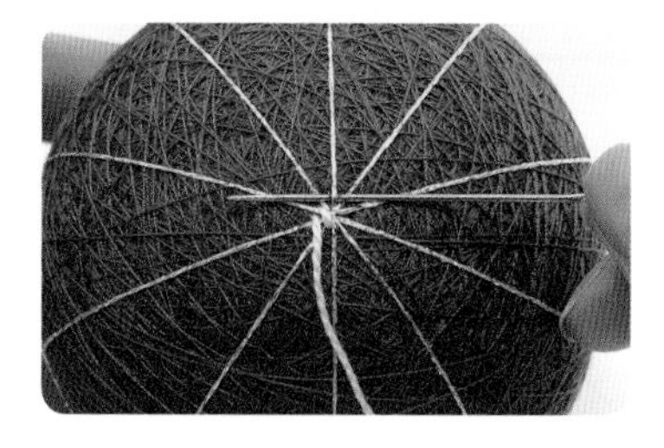

3 继续顺时针隔一根分球线绣第三针。五角平挂的绣制是在间隔一根分球线上进行的。

4 一圈完成后继续第二圈。注意针脚依次排列，不要堆叠在上一圈。

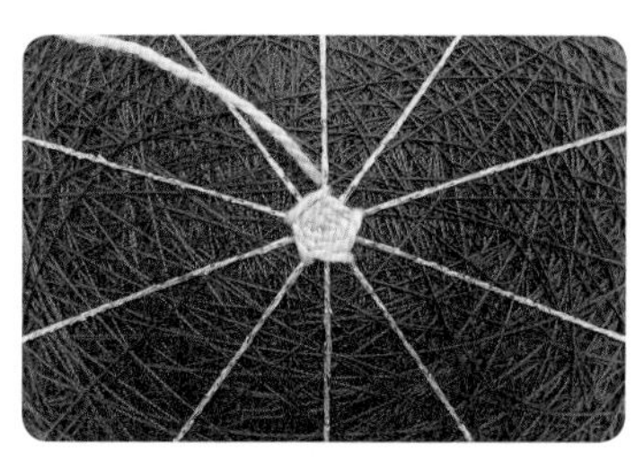

5 3 圈完成后形成明显的五边形图案。每一圈绣线紧密平整地排列。

6 绣制过程中不要将分球线拉歪，保持五边形的对称。

7 换橘色绣线，接着绣制 3 圈。五边形的大小，即极点到顶角的长度约为极点到赤道的 1/4。

8 在五边形的 5 条边所对应的分球线上，取珠针定位在极点到赤道的 1/2 处。

9 取银白色绣线，如图，从珠针点分球线的左侧出针，沿着五边形的边，向右下方拉动绣线至隔一根珠针处。

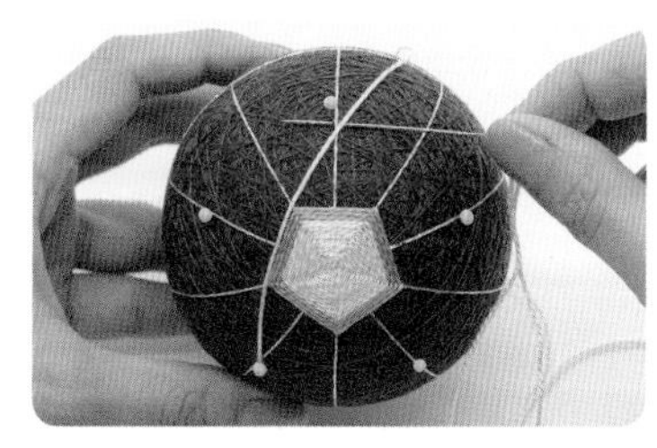

10 转动球体至如图位置，挑线入针。

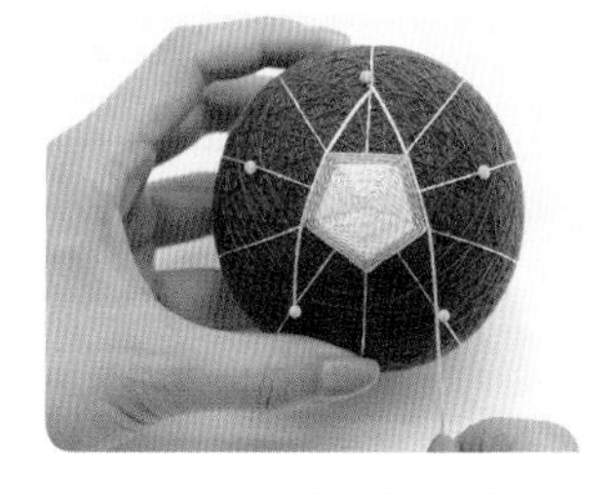

11 继续沿着五边形的边拉动绣线，在隔一根珠针处固定针脚。

12 当走线至如图位置时，从之前的绣线下方穿过。

13 一圈五角星绣制完成。绣线的叠压方式如图所示。

14 沿着第一圈继续绣制五角星，绣制尖部时注意空出约1mm的针距，防止绣线在尖部堆叠。

15 3 圈银白色五角星完成后，换浅紫色绣线再绣制 3 圈。

16 之后按照银白色 2 圈、橘色 3 圈、再银白色 2 圈，最后用浅蓝色绣线绣至填满五角星尖部的空隙，这一半球的星绣完成。

17 以同样的方法完成另一半球的星绣。注意起针方向，使五角星的尖部两两相对，对称分布。

18 取银白色绣线，在图案之间赤道的空白部分卷绣腰带，再用银色金属线进行千鸟绣。

19 取银色金属线，在素球的空白部分装饰小松叶绣，为图案营造星光闪烁的氛围。

圣诞

圣诞手鞠是另一种星绣针法和刺绣技法的灵活应用。星绣完成圣诞老人的主体部分，通过缎面绣表现圣诞老人的脸、手、帽檐、袖口、靴子，羊毛结粒绣表现卷卷的大胡子和帽顶毛球，最后再以平挂绣加装饰线表现圣诞礼物，图案整体性强，有着浓浓的节日氛围。

第 019 页作品

素球：周长 25.5cm 的白色素球，用银白色金属线在素球表面再缠绕一层，营造雪景氛围

分球：用细金属线进行 10 等分球（圣诞老人图案绣制完成后拆除分球线）

绣线：5 号线：红色、肤色、白色、黑色、棕黄色、绿色、蓝色；白色羊毛线

制作要点：

· 中心平挂五角绣呈正五边形，五角星的起针点根据五角绣的大小来确定

· 运用缎面绣、结粒绣的刺绣技法

1 取红色绣线，在极点处绣制 4 圈五角平挂。

2 用针紧贴五边形的一条边，与分球线相交处取珠针定位，确定五角星的起针点。

3 沿着中心五边形绣制一圈五角星，绣线按顺序自然叠压。

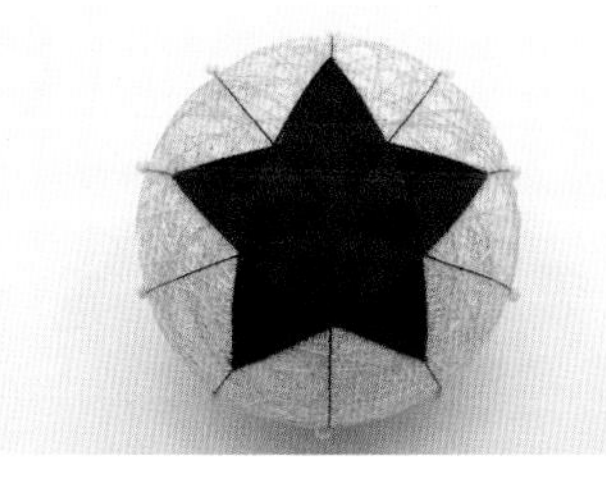

4 继续绣制五角星至适当大小，图示中五角星绣制 15 圈。

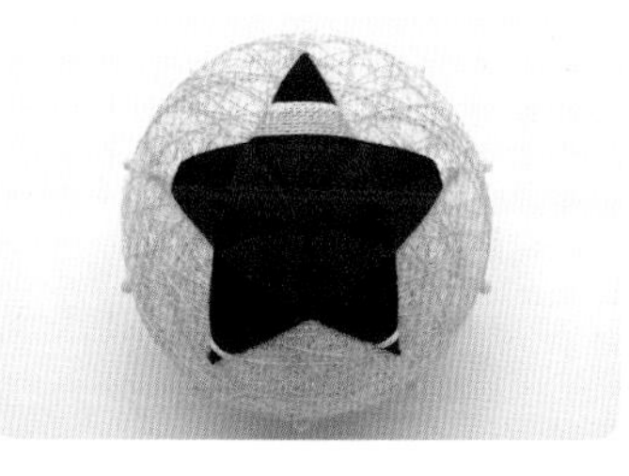

5 取肤色绣线和白色绣线，用缎面绣针法绣制出圣诞老人的脸、手、帽檐、袖口、靴口。

6 取黑色绣线，用缎面绣针法绣制出圣诞老人的腰带和靴子。用金色金属线勾勒出皮带扣。

7 靴子的缎面绣处理不同于手部，更形象俏皮。

8 取白色羊毛线，在脸和身体的交接处起针，开始绣制胡子。

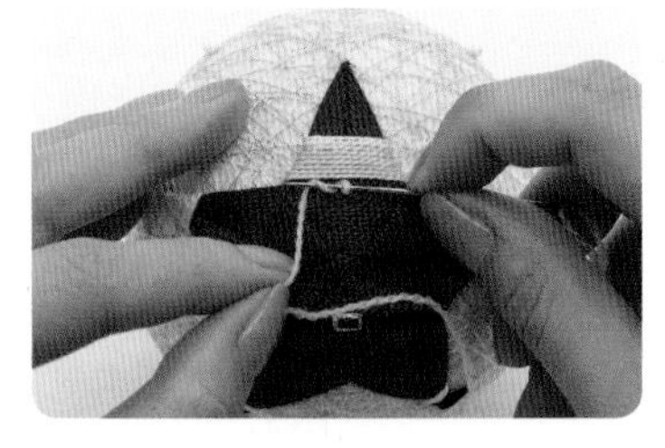

9 胡子全部用结粒绣的针法。出针后将羊毛线绕两圈在针上。

10 将羊毛线绕圈后稍微拉紧，贴近出针点再次入针。

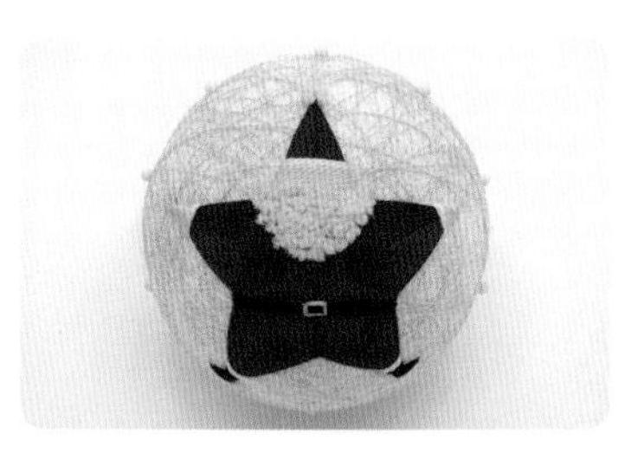

11 用结粒绣制作胡子和帽顶，圣诞老人图案完成。

12 在反面空白处，分别取棕黄色、绿色、红色绣线，以四角平挂针法绣制“礼物”图案，再拉线进行装饰。

13 取蓝色绣线，在两面图案之间绣制大小不一的雪花作为点缀。

14 圣诞手鞠完成。

针法 10

纺锤绣

纺锤，是一种纺纱的工具。传统的纺锤两端尖、中间粗。纺锤绣便因形态相似而得名。

纺锤绣看似形态简单，实际在绣制时需要掌握好针距，否则很容易出现两端针脚的堆叠。我们通过珠针来辅助定位起针点，如右图所示，定位时将珠针向极点倾斜，会更容易绣出漂亮的纺锤。在绣制前 3 层时，稍微拉大两端的针距。绣制过程中注意沿着绣线走向的弧度出入针。

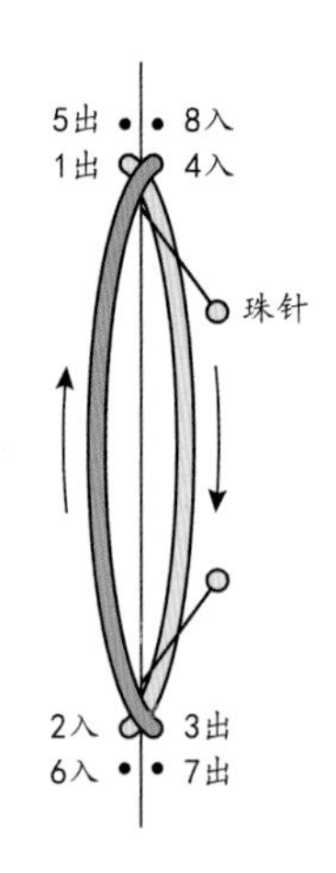

纺锤绣

时光穿梭

时光穿梭手鞠由 3 个纺锤绣构成。交错的纺锤，让人联想起梭子在古老的织布机上往复穿行，时光就这样在指尖流淌。这个图案经典耐看，也很适合练习配色。

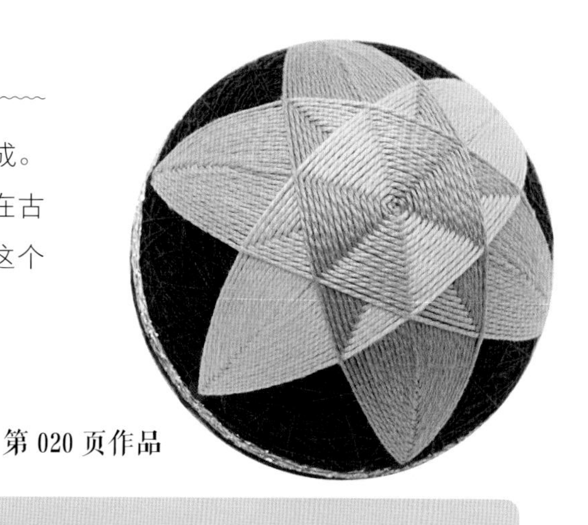

第 020 页作品

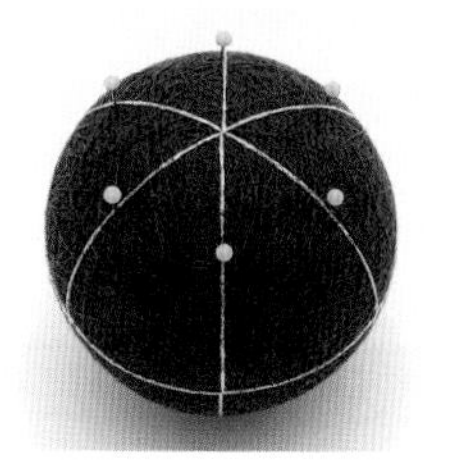

素球： 周长 20.3cm 的深蓝色素球

分球： 用银色金属线进行 6 等分球

绣线： 5 号线：鹅黄色、浅紫色、浅蓝色、玫红色；银色金属线

制作要点：

· 起针点到极点的距离为略小于极点到赤道的 1/2

· 纺锤绣饱满，两端针脚不堆叠

· 3 个纺锤绣依序交叉叠压

1 在 6 根分球线上测量从极点到赤道方向的 2.3cm 处，取黄色珠针定位。

2 取鹅黄色绣线，从任意一根分球线左侧、珠针上方约 3mm 处出针。

3 出针后经过珠针右侧，继续沿着分球线右侧向下引线。

4 转动素球，使正下方珠针来到上方，在珠针上方约 3mm 处挑针固定针脚。

5 出针后继续沿着分球线右侧向下引线。

6 再次调转素球回到起针点，在距离起针点左上方 2mm~3mm 处出针，出针后无须剪断绣线。

7 取浅紫色绣线，在相邻的分球线上以同样的方法起针绣制纺锤形。

8 紫色纺锤自然叠压在黄色纺锤上面。

9 再取浅蓝色绣线，在相邻分球线上进行纺锤绣。蓝色纺锤叠压在最上层。

10 拿起鹅黄色绣线，稍微拉紧针脚，开始第二圈纺锤的绣制。

11 注意两端固定针脚时，在距离第一层 2mm~3mm 处入针，防止针脚堆叠。

12 按鹅黄色再浅紫色再浅蓝色的颜色顺序完成第二层的 3 个纺锤绣。

13 按顺序绣制三、四层后可以拔掉珠针。

14 以同样方法继续绣制，使纺锤绣图案饱满。

15 绣制至纺锤两顶点距离赤道 4mm~5mm 处为止。

16 对称绣制反面的纺锤绣。

17 取玫红色绣线，在纺锤尖部做缎面绣跳色装饰。

18 取银色金属线卷绣腰带，并用千鸟绣固定装饰。

荷塘夏趣

作品灵感来源于夏日荷塘景色。其实在多数视角下观察到的荷叶并不是圆形的，而纺锤绣的针法刚好可以表现荷叶的形态。《荷塘夏趣》以植物染绣线制作，配色完全参照自然荷叶的颜色变化，应用了丰富的蓝绿色系绣线，使简单的纺锤绣变得“不简单”。配合变形上挂千鸟绣表现荷花，平挂绣、千鸟绣加珠绣表现小青蛙，使整个作品生动有趣。

第 021 页作品

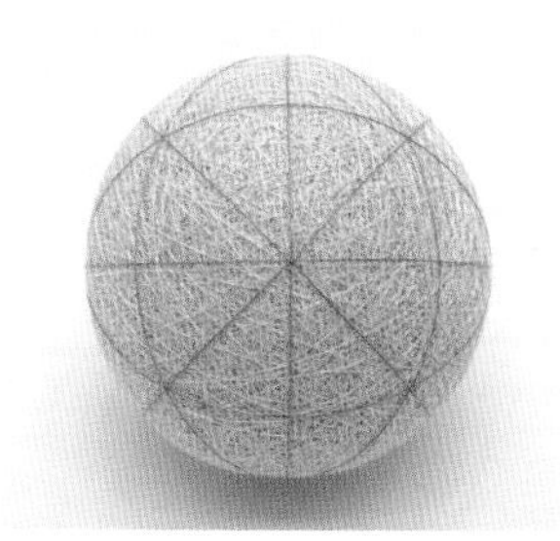

素球：周长 22cm 的奶白色素球

分球：用蓝色素球线进行组合 8 等分球

绣线：植物染绣线：蓝绿色系、玫粉色系、紫色系

制作要点：

· 了解组合 8 等分的区域划分，准确添加辅助线

· 应用自然观察法配色，针法中改换绣线过渡自然

· 上挂千鸟绣的变形应用

· 珠绣装饰的应用

1 取绿色素球线，在组合 8 等分“米”字格区域的左上角起针，如图添加辅助线。

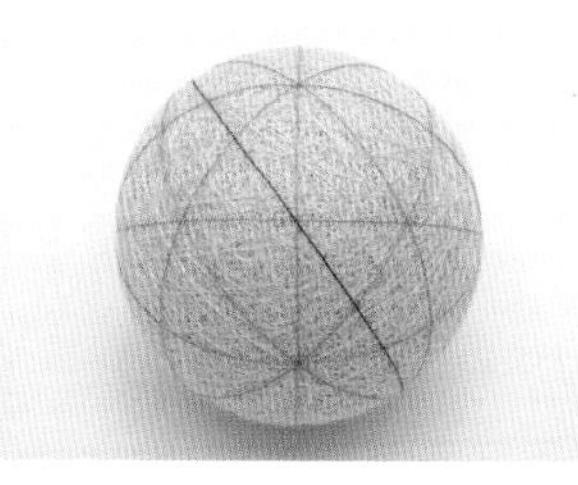

2 上下相邻两个“米”字格区域的左上角和右下角构成了纺锤形区域（参考步骤 7 图示），辅助线作为连接纺锤两端的中间线。

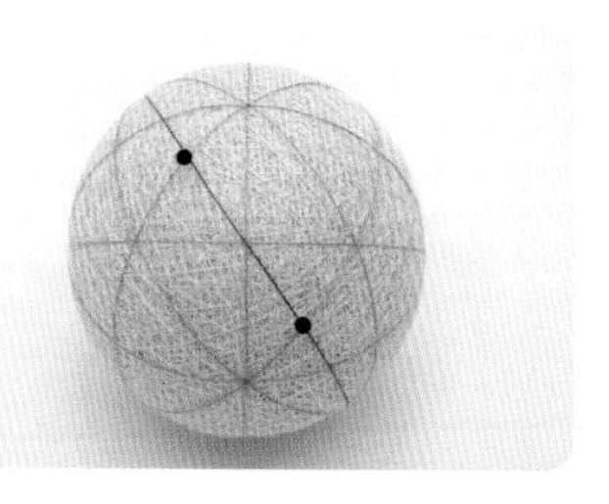

3 取黑色珠针在辅助线与分球线的交点处定位，为纺锤绣起针的两端。

4 取绿色绣线双股起针，绣制两圈纺锤。

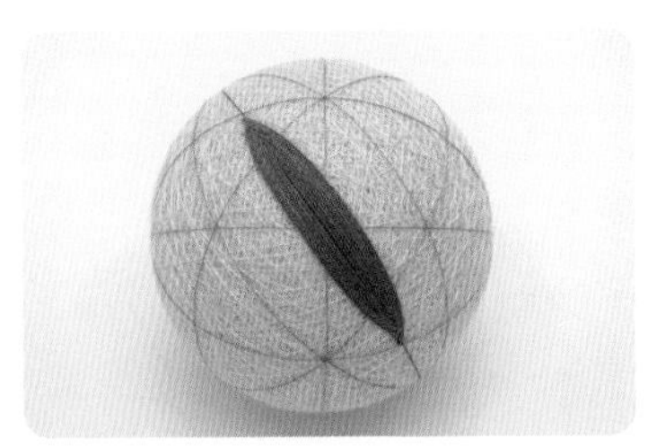

5 换取蓝色绣线双股，继续绣制两圈半纺锤。

6 再取浅绿色绣线双股，接着半圈纺锤再绣制两圈半。

7 以这样的方法不断改换绣线，完成这个区域的纺锤绣。

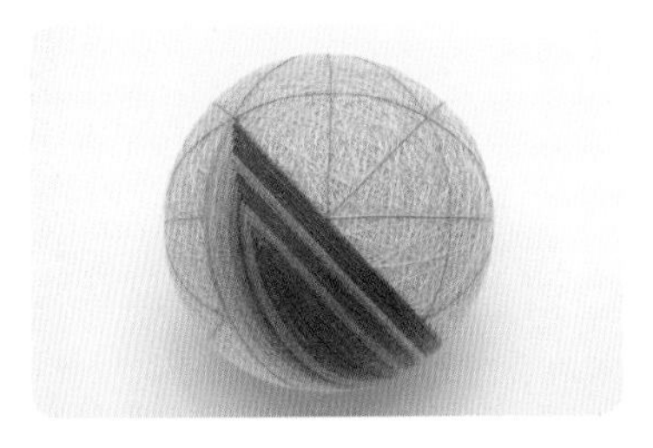

8 图为“米”字格区域正面的纺锤形效果。

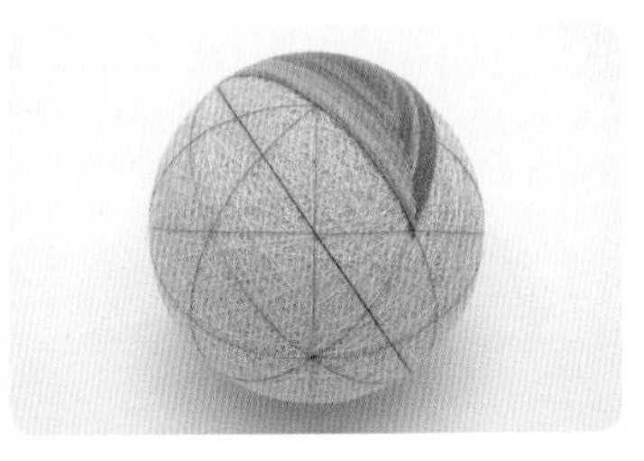

9 在完成的纺锤绣的左下方，再找到纺锤形区域，添加辅助线。

10 以同样的方法完成纺锤绣。

11 转换角度，可以看到一个“米”字格区域被相邻的两个纺锤绣所覆盖。

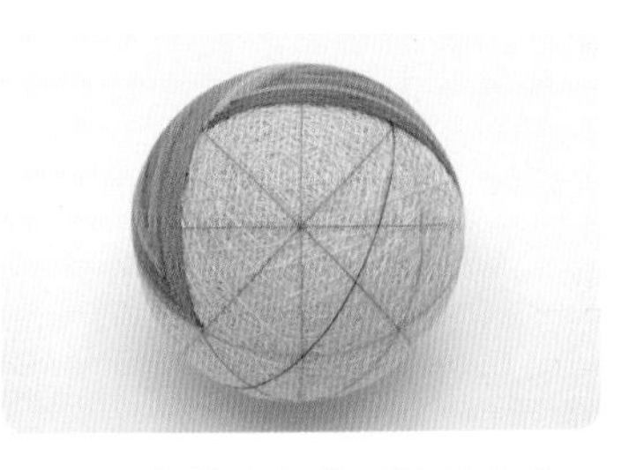

12 再次转动素球至图示角度，找到第三个纺锤形区域添加辅助线。

13 三个纺锤绣之间形成一个大三角形区域，即“米”字格区域的一半。

14 完成第三个纺锤绣。

15 在第三个纺锤绣的右下方，完成第四个纺锤绣。

16 纺锤绣的荷叶部分完成。

17 取浅绿色绣线，如图在空白的大三角区域添加辅助线，并拆除之前的蓝色分球线。

18 取玫粉色系绣线，以上挂千鸟绣针法绣制荷花部分。

19 取翠绿色和深绿色绣线，以平挂绣和千鸟绣针法绣制小青蛙。最后用白色串珠点缀青蛙眼睛和爪。

针法 11

麻叶绣

麻叶纹提取自然界的麻叶为原型。麻是一种生命力很顽强的植物，所以这个纹样多用于孩童的服装上，借此寄托对孩子健康成长的期望。麻叶纹在中国传统纹样中又叫六角星纹，多见于织锦和建筑构件中。麻叶纹也是手鞠中很常见的图案，大多呈四方连续或六方连续分布。

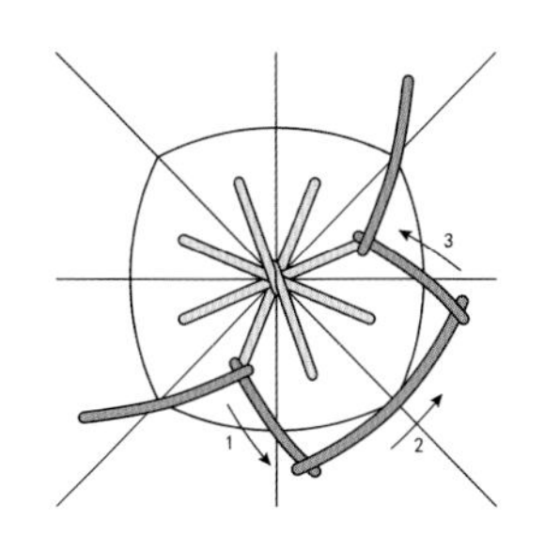

麻叶绣 1-1

麻叶绣 1-2

麻叶绣 1-3

四方连续麻叶绣制时，先绣中心的松叶绣，然后连接松叶绣的各个端头。

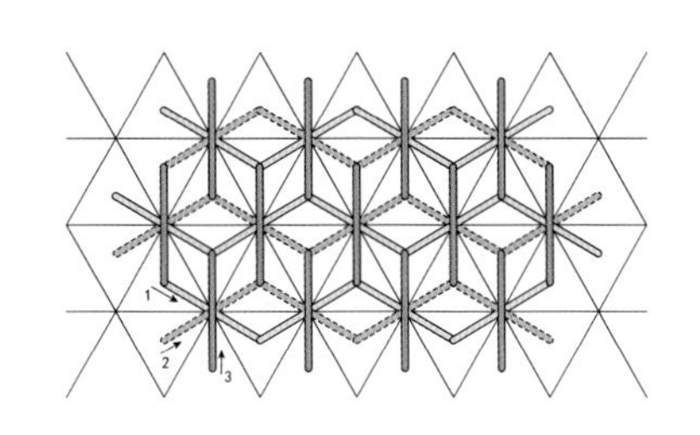

六方连续麻叶绣制时，先进行两个方向的千鸟绣，然后连接千鸟绣的针脚处。

麻叶绣 2

组八麻叶

组八麻叶手鞠采用基础的四方连续麻叶绣，是最经典的麻叶手鞠图案，极具立体几何的线条美感。这个图案的延伸性很强，非常适合做各类迷你手鞠饰品。

第 022 页作品

素球： 周长 18cm 的紫色素球

分球： 用浅黄色 5 号线进行组合 8 等分球

绣线： 5 号线：浅黄色

制作要点：

· 在小三角中心起针进行松叶绣，中心即三角形的几何内心

· 注意固定交汇点

1 取浅黄色绣线，在组合 8 等分“米”字格区域的一个小三角中心出针。

2 拉出绣线后经过中心点，向对角的小三角区域引线。

3 从相邻的小三角中心出针，经过中心点继续向对角引线。

4 在相邻的两个小三角的中心处入针，进行松叶绣。

5 最后一针松叶绣时，挑线固定中心交汇点。

6 一个“米”字格区域中的松叶绣完成。

7 完成剩下 5 个“米”字格内的松叶绣。

8 从松叶绣端头的绣线左侧出针。为便于演示，使用了不同颜色的绣线。

9 如图拉线，经过对角连接两个小三角的中心。

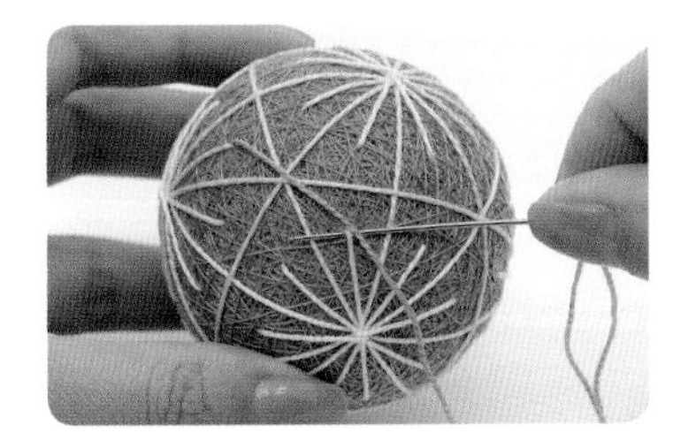

10 从松叶绣端头绣线的右侧入针左侧出针，挑起少量素球线和绣线固定针脚。

11 出针后继续向对角方向引线，在松叶绣端头固定针脚。

12 一圈完成回到起点，从分球线的右侧入针收线。

13 再从就近的松叶绣端头绣线的左侧出针。

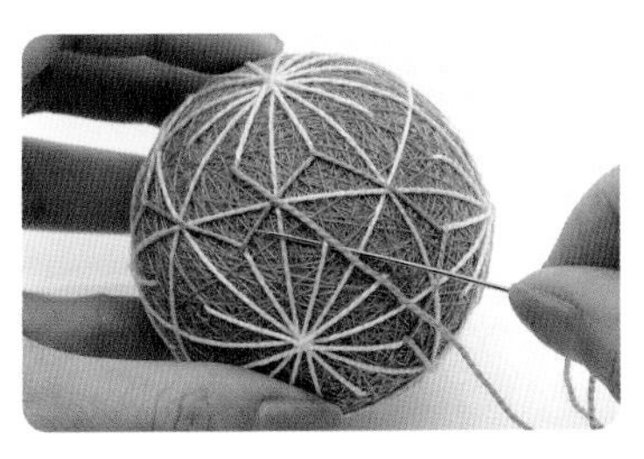

14 重复之前的方法进行绣制，完成第二圈。

15 开始第三圈绣制，经过 3 圈绣线的交汇点时，挑针固定。

16 4 圈绣制完成后，松叶绣的端头都被连接了。

通过变换绣线，加入卷绣等针法装饰，可以获得不同效果的麻叶手鞠。

麻叶手鞠合照

组十麻叶

组十麻叶手鞠作为麻叶绣针法形态的补充，它是在组八麻叶手鞠基础上的变形，由于分球的变化，四方连续麻叶绣变成了五方连续，使整体图案更加细密紧凑。掌握了基础针法后，我们在设计图案时，可以根据需要灵活应用针法的各个形态。

第 022 页作品

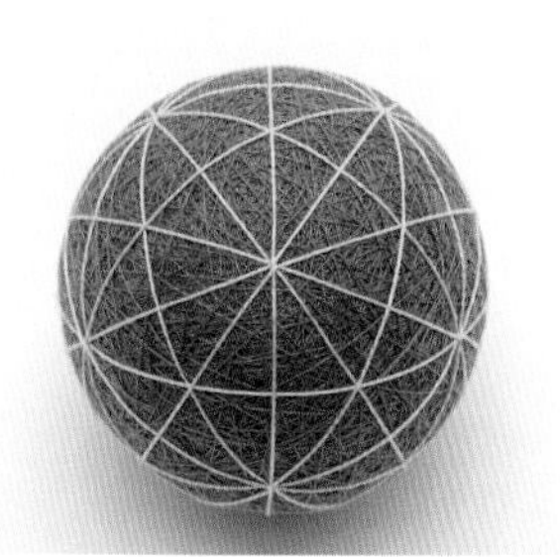

素球： 周长 21cm 的绿色素球

分球： 用浅米色 8 号线进行组合 10 等分球

绣线： 8 号线：浅米色

制作要点：

· 同组合 8 等分麻叶手鞠

1 取浅米色绣线，在组合 10 等分的 12 个五边形内进行松叶绣。

2 从任意一个松叶绣端头的绣线左侧出针。

3 向对角的小三角引线，并在松叶绣端头固定针脚。

4 接着向对角小三角引线。完成绣制的小三角内绣线呈“Y”字形分布。

5 完成一圈后，从起针分球线的右侧入针，在就近松叶绣端头的绣线左侧出针，开始新一圈的绣制。

6 重复绣制，经过被 12 等分的三角形区域时，挑针固定中心点。

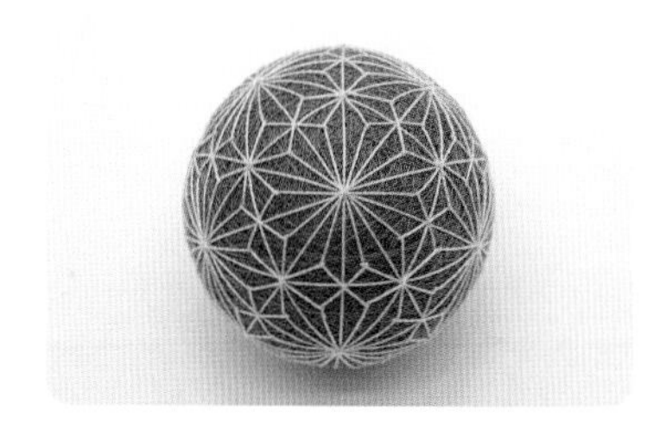

7 连接所有松叶绣的端头，组合 10 等分麻叶手鞠完成。

针法 12

连续绣

连续绣是指绕素球绣制一周、绣线首尾相连的针法。

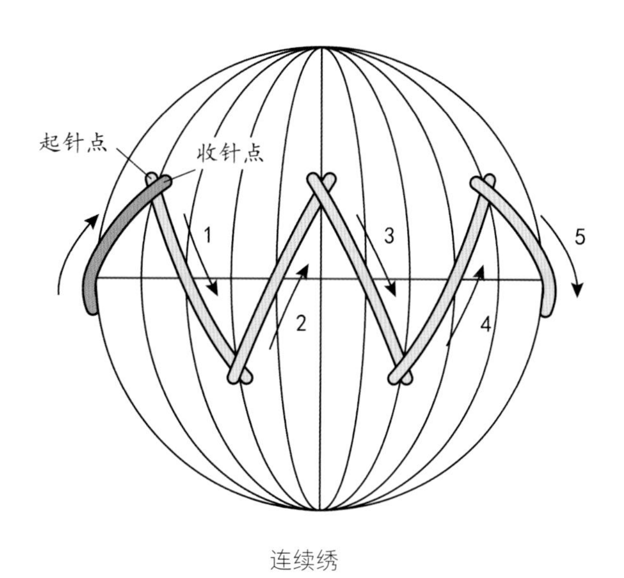

连续绣

十字路口

十字路口手鞠以连续绣为主要针法，空白处装饰松叶绣。互相交叠的连续绣图案形成了 4 条交叉的小路，让你站在十字路口纠结着不知该往哪走，绣线的扭转仿佛路途中反转的节点，然而每条路上都有独特的风景，不管怎么选都会通往内心的终点。

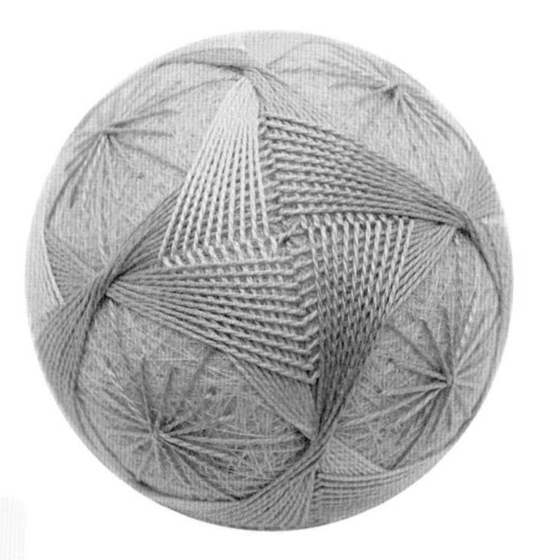

第 023 页作品

素球：周长 26cm 的鹅黄色素球

分球：用粉色 5 号线进行组合 8 等分球

绣线：5 号线：粉色、浅蓝色

制作要点：

· 保持连续绣每一层间距一致

· 绣线上下扭转处顺序交汇在一点

· 注意图案的上下叠压顺序

1 取浅蓝色绣线，在 8 等分中心点上方约 3mm 的位置起针。

2 出针后向右下方引线，经过 4 等分菱形的中心。

3 在相邻 8 等分中心点的下方约 3mm 的位置，挑线固定针脚。

4 继续向右上方引线，同样经过 4 等分菱形的中心。

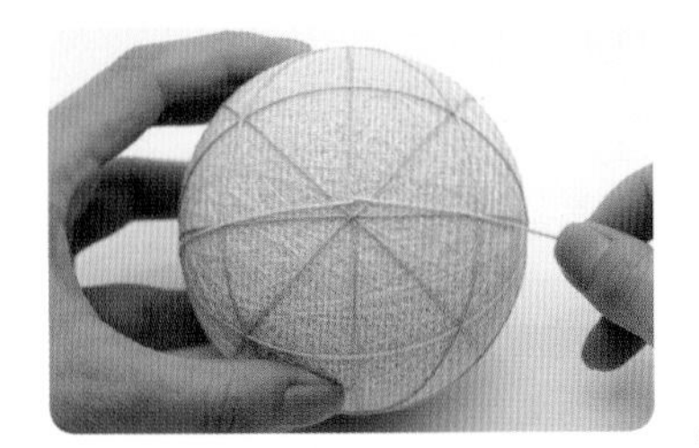

5 在相邻 8 等分中心点的上方约 3mm 的位置，挑线固定针脚。

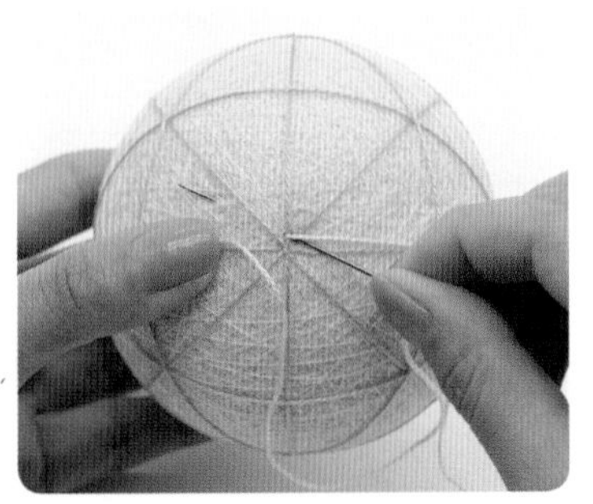

6 如此上下交替固定针脚，完成一圈连续绣，在起针点收针。注意在绣线下方收针，针脚呈“入”字形（此处为了图案美观，并不是连续绣的收针要求）。

7 在距离上一层起针点约 2mm 处起针，开始第二层的绣制。经过 4 等分菱形的中心时，与上一层绣线交汇在一点。

8 完成第 2 层的绣制，直接在上方约 2mm 处出针，继续下一层的绣制。

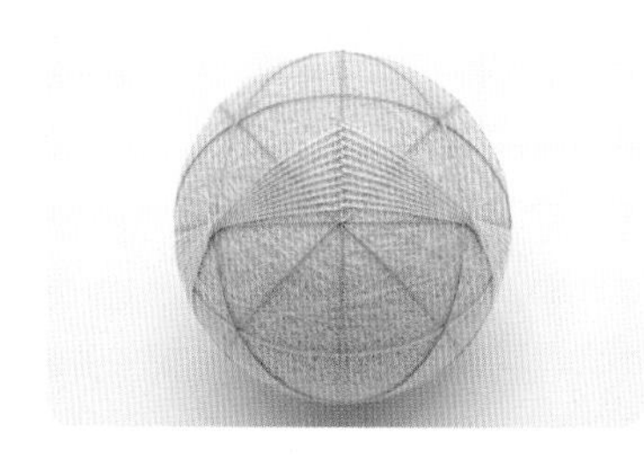

9 重复以上步骤，用浅蓝色绣线共绣制 10 层。

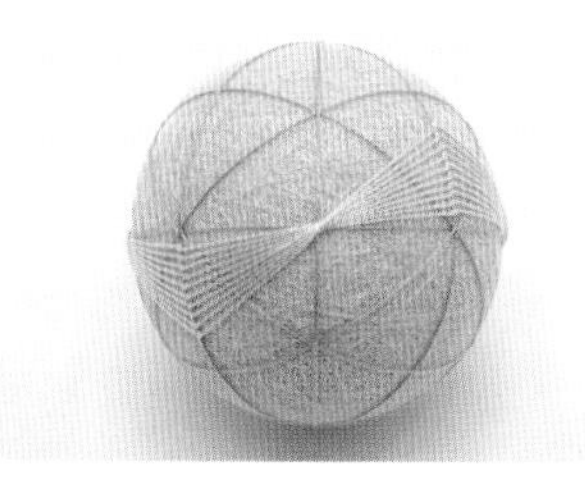

10 绣线上下扭转处，在 4 等分菱形的中心顺序交汇。

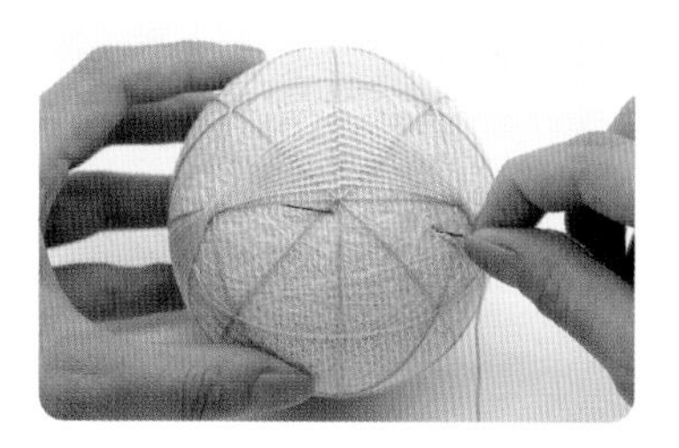

11 取粉色绣线，在 8 等分中心点的下方约 3mm 的位置起针。

12 向右侧引线，经过菱形中心的交点，在 8 等分中心处上下交替固定针脚。

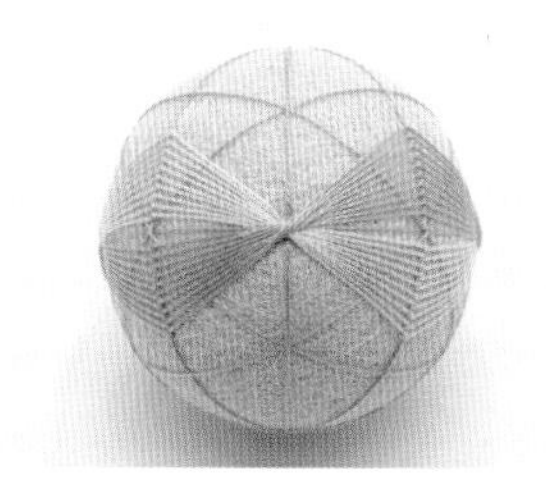

13 注意将两个方向的绣线顺序交汇在菱形的中心。

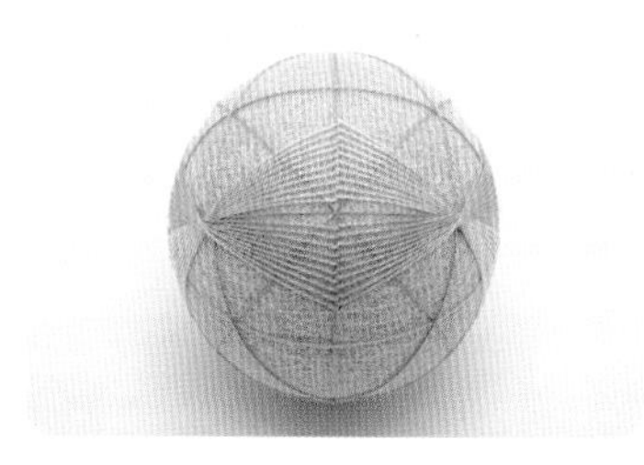

14 同样绣制 10 层，粉色绣线的连续绣完成。

15 转动素球，再取粉色绣线，换方向起针继续绣制。

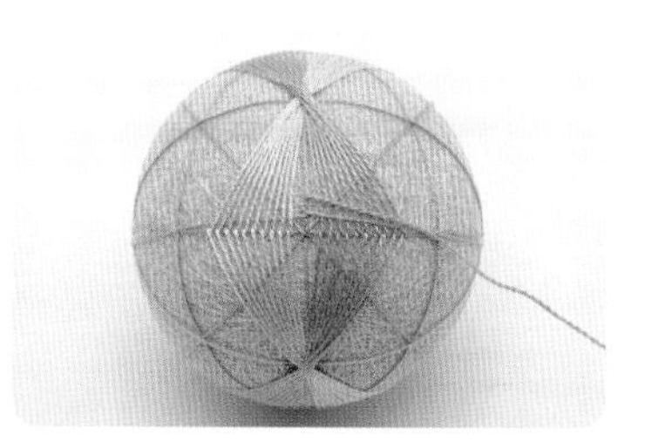

16 经过之前的绣线时，从左侧绣线的下方穿过、右侧直接叠压。

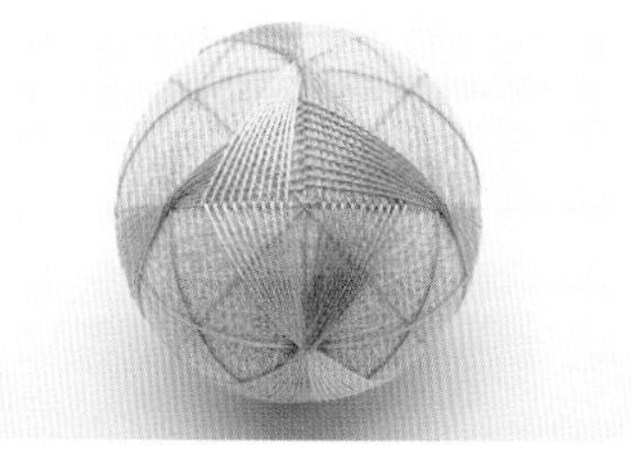

17 完成这一方向粉色绣线的连续绣。

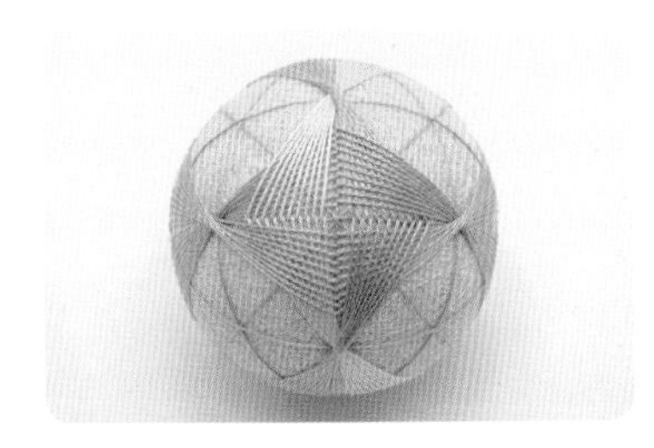

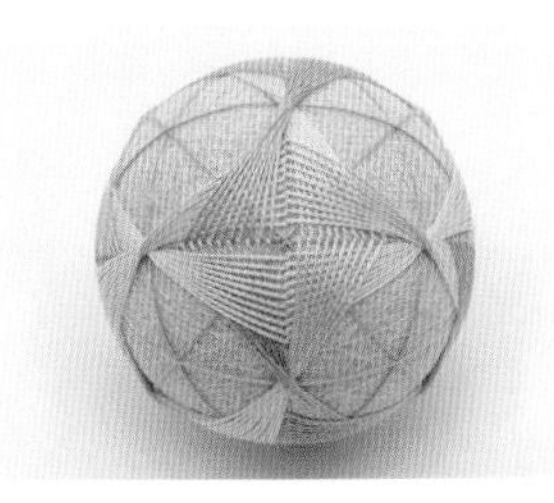

18 继续用粉色绣线完成对应方向的连续绣。注意绣线的上下叠压方向相反。

19 换取浅蓝色绣线，在未完成图案的“米”字格区域中继续进行连续绣。绣线的叠压规律同上。

20 最后取粉色绣线，在空白部分以松叶绣进行装饰。

第 024 页作品

秘密花园

秘密花园手鞠以连续绣的针法表现叶子，深浅不同的红色系绣线通过平挂绣表现花瓣，相邻的花瓣间以扭绣交叠（扭绣可参考本书第 146 页）。相邻的花朵使用不同颜色绣线绣制，使图案更富有层次感。

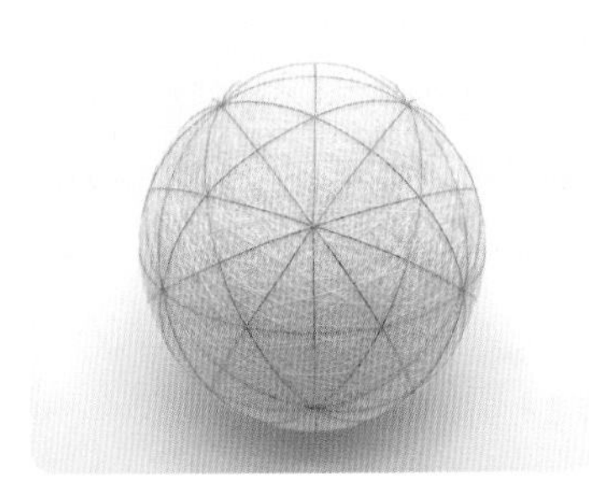

素球： 周长 27.5cm 的白色素球

分球： 用金色细金属线进行组合 10 等分球

绣线： 刺子绣线：红色系 4 色、绿色

制作要点：

· 掌握连续绣针法

· 绣制花瓣时注意针脚位置，使花瓣带有弧度

1 取绿色绣线，在靠近 6 等分三角形的中心、如图位置出针。

2 向右下方引线经过 4 等分菱形的中心。

3 在相邻 6 等分三角形的中心、如图位置固定针脚。

4 接着向右上方引线，如图位置固定针脚。

5 再向右下方引线固定针脚。

6 绣制一圈后回到起针点，从分球线右侧入针，稍远处出针。

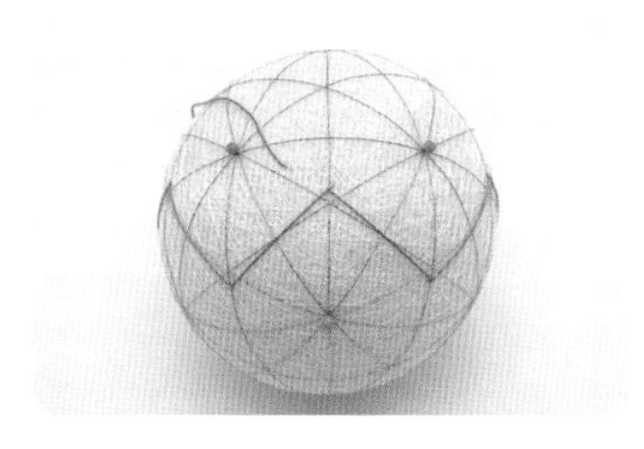

7 拉紧绣线，一圈连续绣完成。

8 在靠近 6 等分三角形中心的另一根分球线上出针。

9 拉紧绣线后向右下方引线，固定针脚。

10 继续向右上方引线，固定针脚。

11 遇到上一圈连续绣时，直接叠压绣线固定针脚。

12 回到起针点，第二圈绣制完成。

13 第三圈连续绣起针。

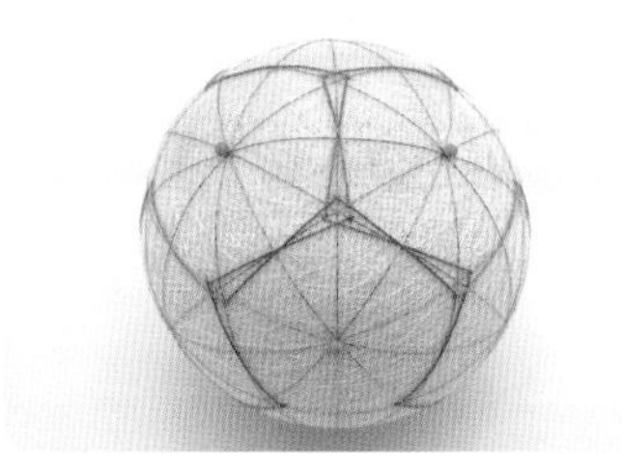

14 以同样的方法完成第三圈的绣制，6 等分三角形的中心会形成类似三羽根龟甲的模样。

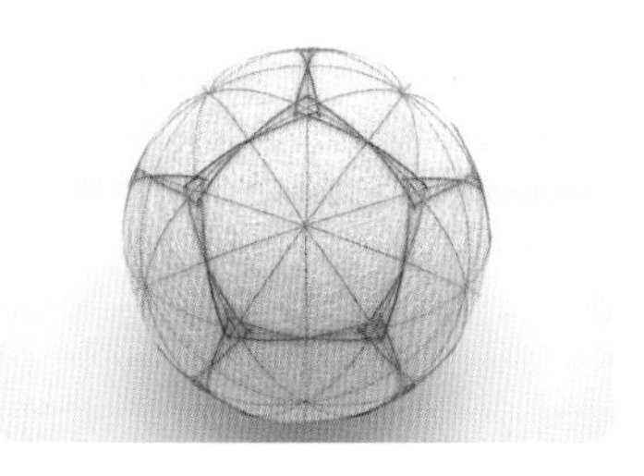

15 重复以上步骤，完成所有连续绣。

16 取玫粉色绣线，在如图位置出针。

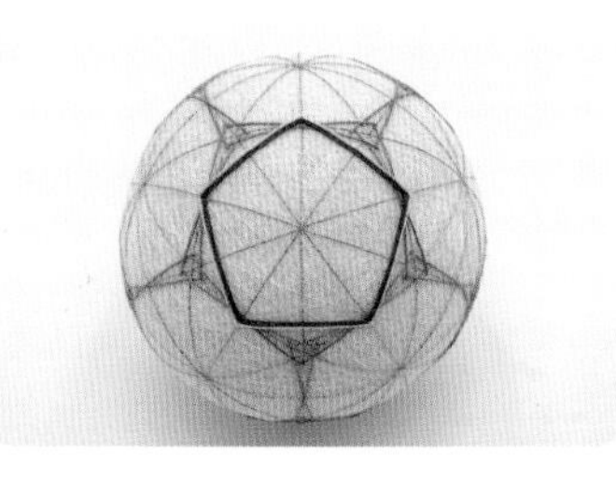

17 如图绣制五边形图案，用玫粉色绣制两圈、白色绣制一圈。

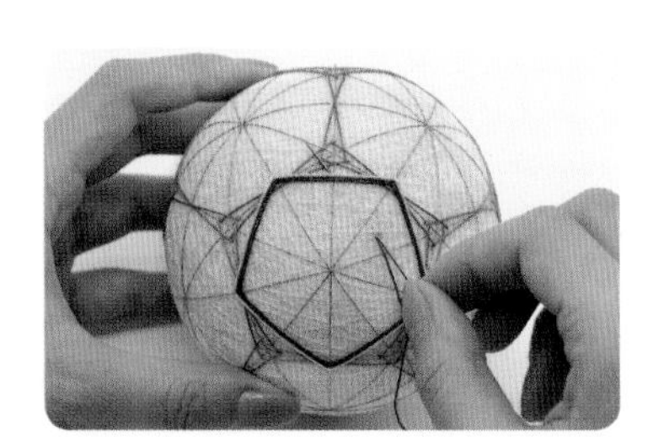

18 接着在五边形一条边的中心、分球线左侧出针，注意紧贴着绣线出针。

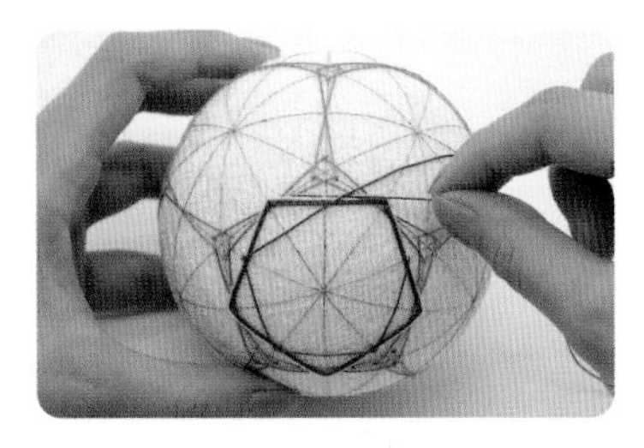

19 绣制时，紧贴绣线固定针脚。

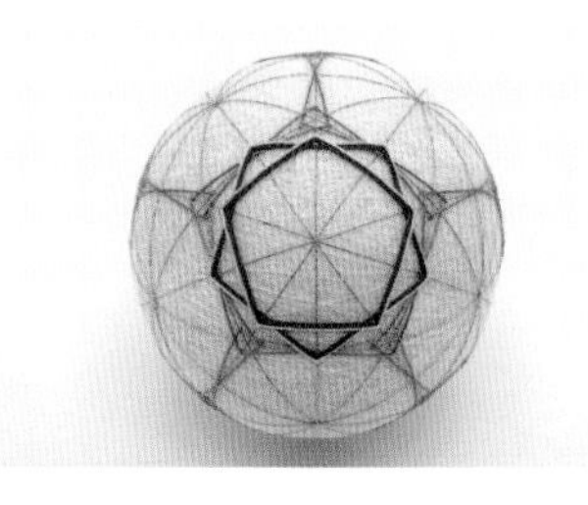

20 第二层五边形绣制完成。

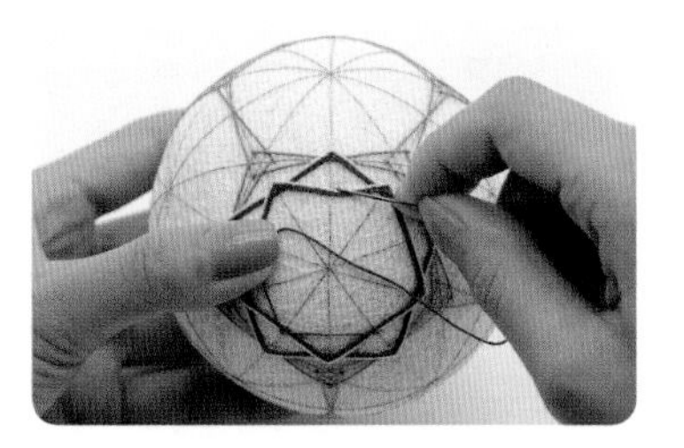

21 再从五边形一条边的中心起针绣制，固定针脚时，将上一层绣线向下压出弧度。

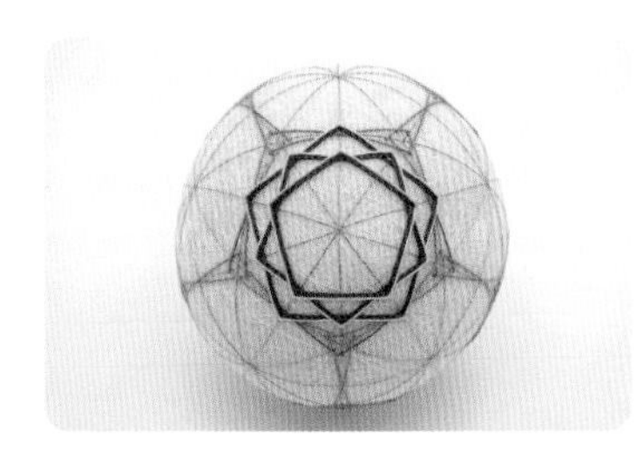

22 第三层五边形完成，第二层花瓣带有弧度。

23 以同样的方法一层层绣制直到中心。中心只用玫粉色绣制一圈。

24 换粉红色绣线绣制，注意相邻花瓣交汇处形成扭绣（扭绣可参考本书第 146 页）。

25 相邻的花朵使用不同的颜色绣线绣制，使图案富有层次。注意相邻花瓣交汇处形成扭绣。

使用同一种绣线以同样的方法绣制，如果分球方式和素球大小不同，得到的作品效果也会完全不同。

秘密花园手鞠合照

针法 13

交叉绣

交叉绣是指绣线之间一层层互相交叉叠压的针法。绣制中，要保证交叉叠压的顺序一致，防止针脚叠压错乱。

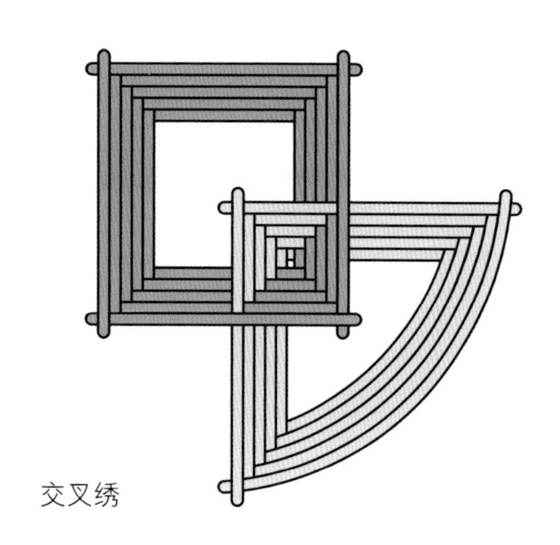

交叉绣

十里桃花

十里桃花手鞠是在组合 10 等分的基础上，以上挂千鸟绣表现朵朵桃花，上挂千鸟绣之间再进行交叉绣，表现花朵相簇，最后以松叶绣简单点缀叶子部分。在制作中，教大家巧用珠针编号记录顺序的小技巧。

第 025 页作品

素球：周长 24.8cm 的粉红色素球
分球：用浅绿色 8 号线进行组合 10 等分球
绣线：5 号线：玫粉色系 4 色、绿色

制作要点：

· 上挂千鸟绣“小辫子”整齐排列
· 巧用珠针，按顺序进行交叉绣，保证每层绣线叠压顺序一致

1 取玫红色绣线，从 4 等分菱形中心点的左下方起针。

2 向右上方相邻分球线引线。

3 在靠近五边形的中心处挑线固定针脚。

4 再向右下方引线，在 4 等分菱形中心点的下方约 3mm 处挑针固定针脚。

5 连续绣制一圈，形成五角星形状，向远处出针。

6 用记号笔在白色珠针上写上数字 1，标记在五边形的中心处。

7 如图所示，在五角星一角的下方约 3mm 处、分球线左侧出针。

8 以同样的方法，向右上方引线进行上挂千鸟绣。

9 两个五角星的相交处自然交叉叠压，第二个五角星绣制完成，在五角星中心的珠针上写上数字 2 标记顺序。

10 以同样的方法完成相邻的第 3 个五角星的绣制。

11 注意在交叉绣时，针脚距离中心点 2mm~3mm，防止交叉处绣线堆叠。

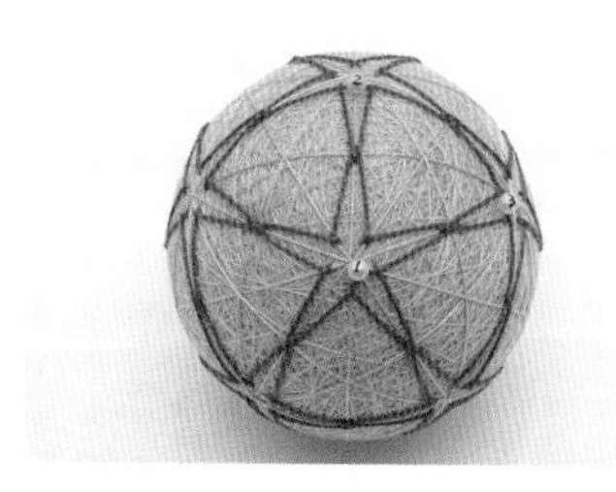

12 以 1 号珠针为中心，沿着 2、3 号珠针的顺时针方向，完成其他 3 个五边形内的绣制。

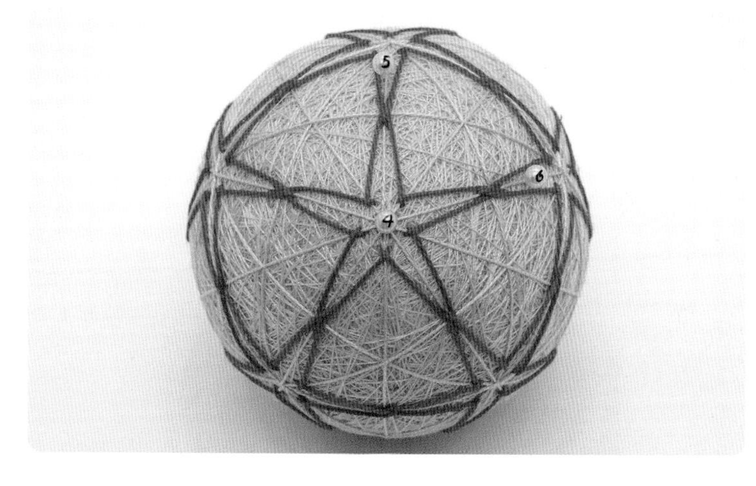

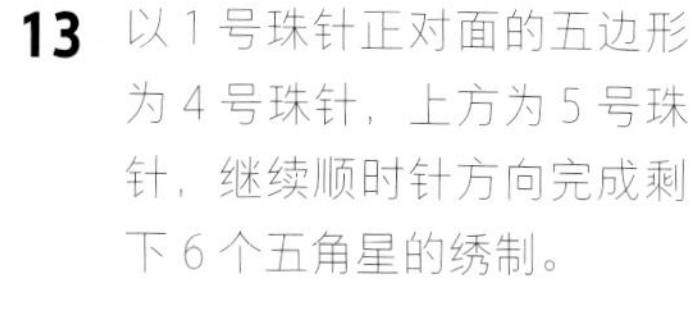

13 以 1 号珠针正对面的五边形为 4 号珠针，上方为 5 号珠针，继续顺时针方向完成剩下 6 个五角星的绣制。

14 取粉色绣线，从 1 号珠针标记的起针处接着绣制。

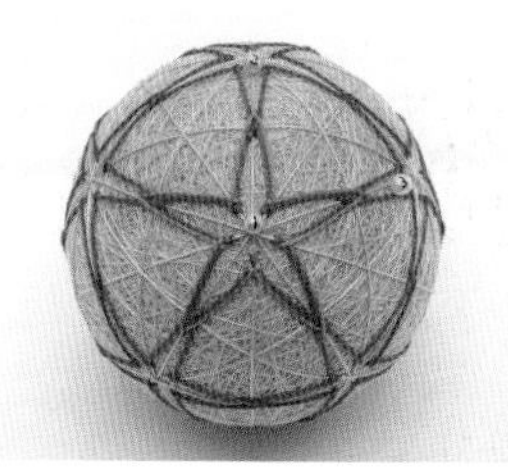

15 完成一圈粉色的绣制。

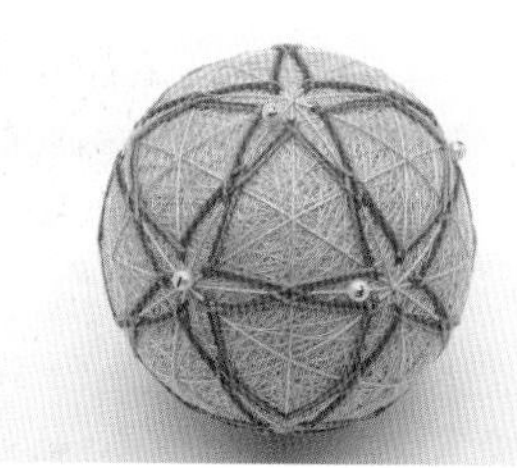

16 按顺序依次完成其他五边形内粉色层的绣制，桃花图案的相交处都按顺序交叉叠压。

17 再取浅粉色绣线，完成第三层的绣制。此时交叉绣部分已经非常明显。

18 最后取粉白色绣线绣制 4 圈，桃花图案绣制完成。

19 取绿色绣线，在相邻的空白部分，以松叶绣进行点缀。

紫罗兰星斑

紫罗兰星斑手鞠完全使用平挂绣之间的交叉绣针法制作。通过蓝紫色绣线的组合，形成了非常精彩的视觉效果。这个作品一经发布，就得到了很多朋友的喜爱。图案看似繁复，其实可以通过自制纸条小工具化繁为简。

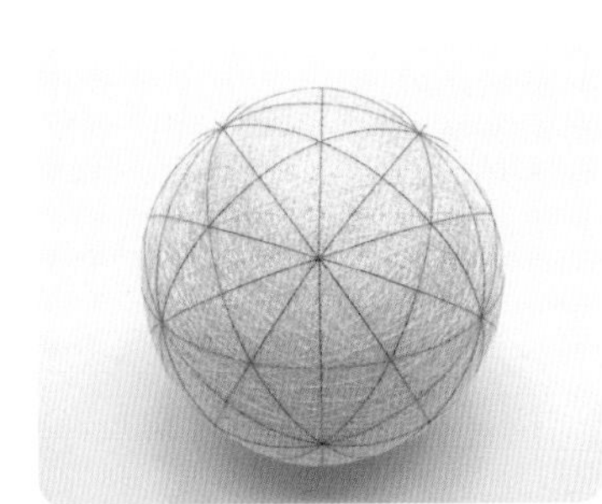

素球： 周长 33.7cm 的白色素球

分球： 用金色细金属线进行组合 10 等分球

绣线： 25 号线：蓝紫色系 19 色

第 026 页作品

制作要点：

· 自制纸条，辅助定位起针点和针脚点
· 注意交叉绣的绣制顺序
· 控制针距，完成满绣
· 双股绣线平整不拧线

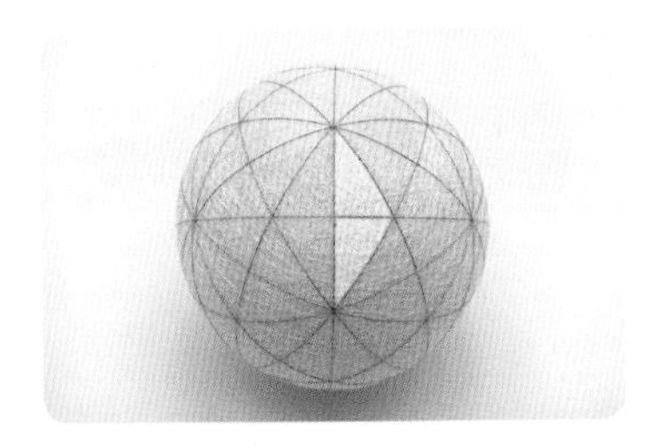

1 找到图示三角形的内心（三条角平分线的交点，其到各边距离相等）。

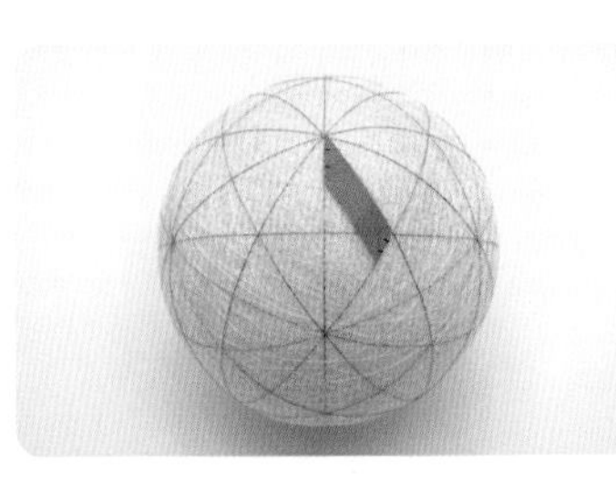

2 经过内心，制作如图纸条。将纸条的两端 3 等分，用黑笔做标记。翻转纸条，也标记 3 等分点。

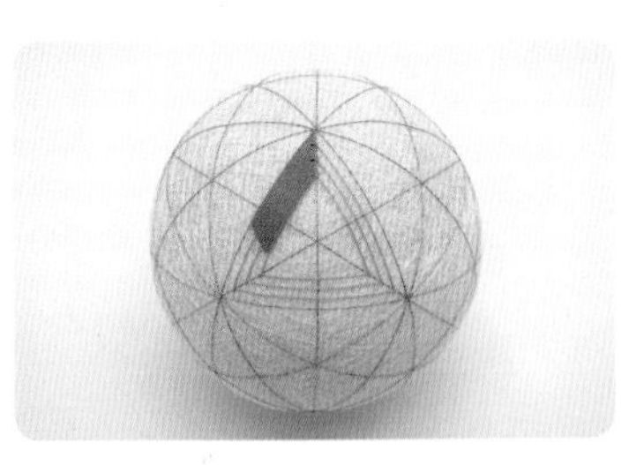

3 取 25 号线双股，如图在 6 等分三角形（以下简称“大三角”）内，用纸条辅助定位，绣制 3 圈三角形。

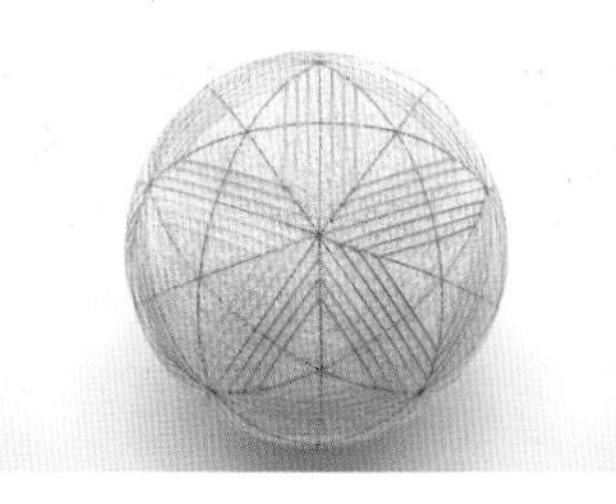

4 在组合 10 等分的 20 个大三角内，都按照步骤 3 的方法绣制 3 层三角形。相邻三角形区域避免使用同一颜色绣线。

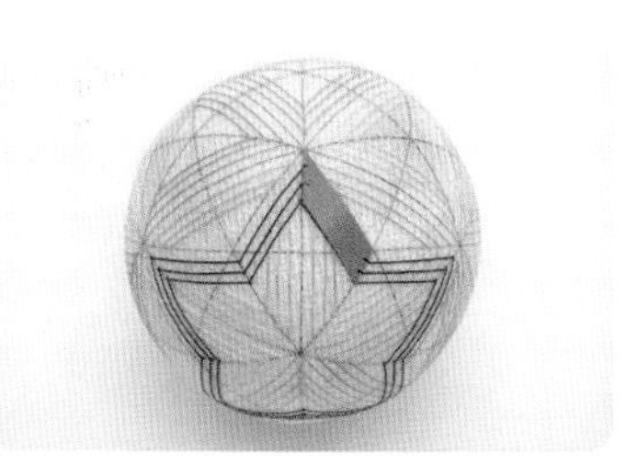

5 再将纸条放于图示位置，参照纸条两端的 3 等分点，绣制 3 层五角星。

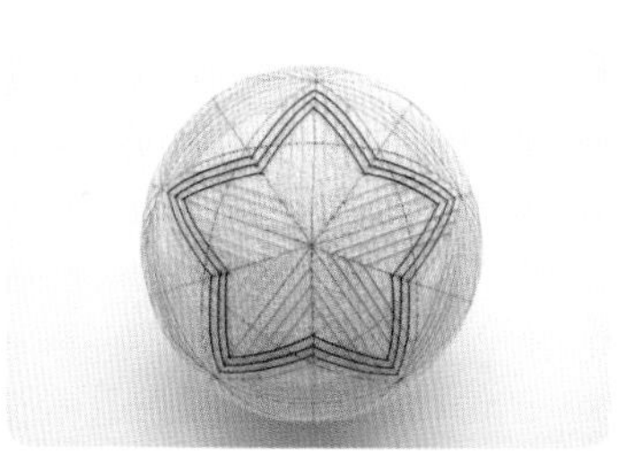

6 如图完成一个五角星区域的绣制。

7 以同样的方法，完成共 12 个五角星区域的绣制。注意记录绣线顺序。

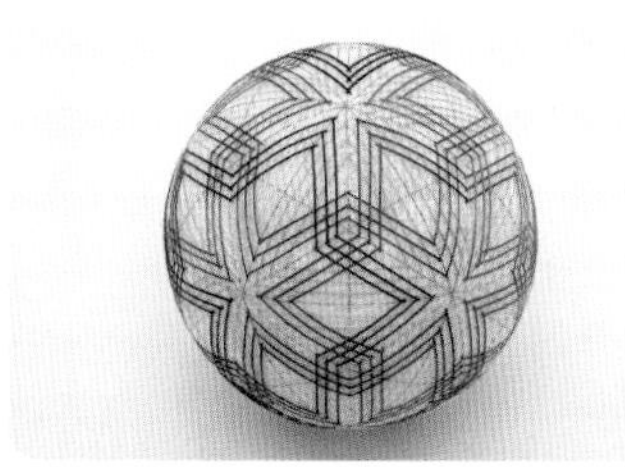

8 3 个相邻五角星在大三角内形成交叉绣。

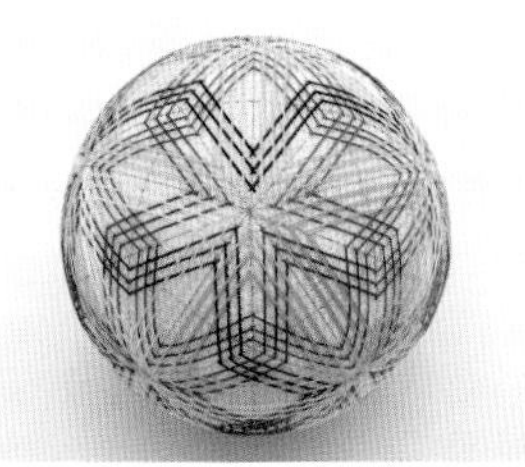

9 继续在 20 个大三角内进行第二层的绣制。

10 按照颜色顺序绣制五角星区域的第二层。

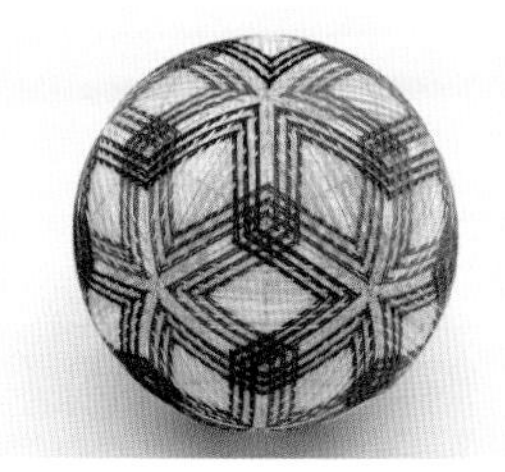

11 每 3 个相邻五角星的交叉绣顺序叠压。

12 在大三角区域和五角星区域，分别完成 4 层的绣制。

13 在五边形的中心和大三角的中心处，都完成了交叉绣。

针法 14

扭绣

扭绣是指多层绣线之间扭转叠压的针法。注意扭绣和交叉绣的区别。

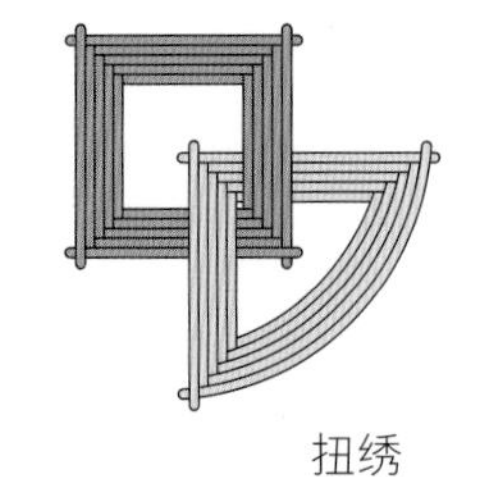

扭绣

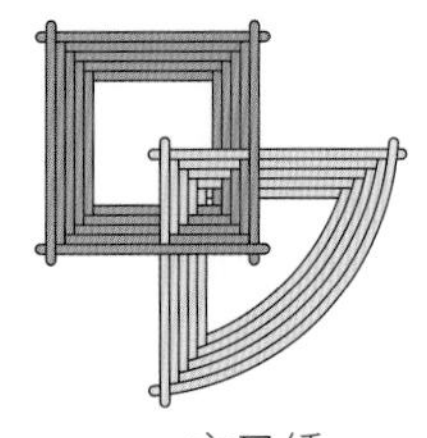

交叉绣

山茶花

山茶花手鞠是一个多面体手鞠作品。42 面体内五角星和六角星的图案，融合了星绣和平挂绣、交叉绣。作品里的扭绣很有代表性，同时扭绣盖住了角的部分，使五角星和六角星呈现出柔和的花瓣形状。多面体分球使作品整体更加精彩，配色上延续《秘密花园》手鞠的思路，相邻花朵使用不同色阶的色彩，使图案富有自然的层次感。

第 028 页作品

素球： 周长 31cm 的白色素球

分球： 用橘色素球线进行 42 面体分球

绣线： 8 号线：橘红色系、浅黄色、浅绿色、浅米色、蓝色、浅蓝色、蓝灰色

制作要点：

· 42 面体分球准确（分球步骤参照本书第 080 页）

· 针距适当，图案饱满，形成满绣

1 分别取浅绿色和浅黄色绣线，在五边形的中心起针，如图方向各绣制一圈五边形为“花芯”。

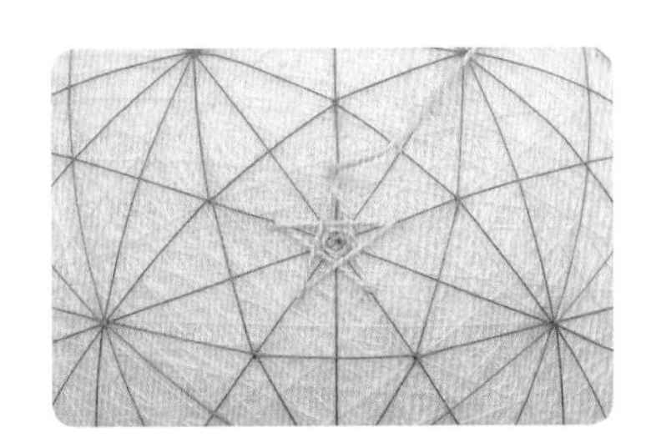

2 取浅米色绣线，沿着花芯进行星绣（星绣方法参照本书第 122 页）。

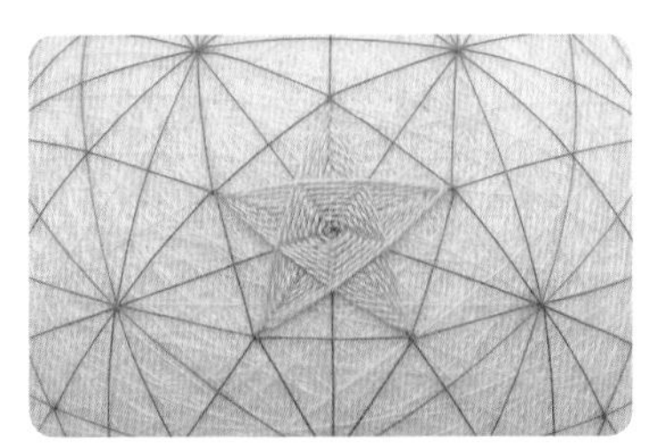

3 使五角星的每一个角都触碰到五边形的顶点。

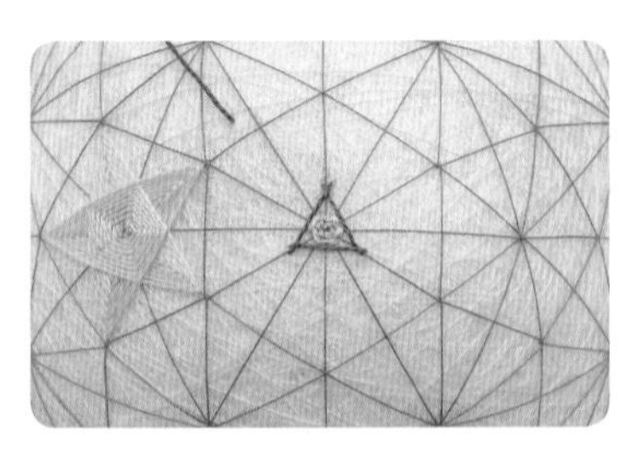

4 在六边形内，以同样的方法绣制花芯。然后取橘红色绣线，沿着花芯绣制三角形。

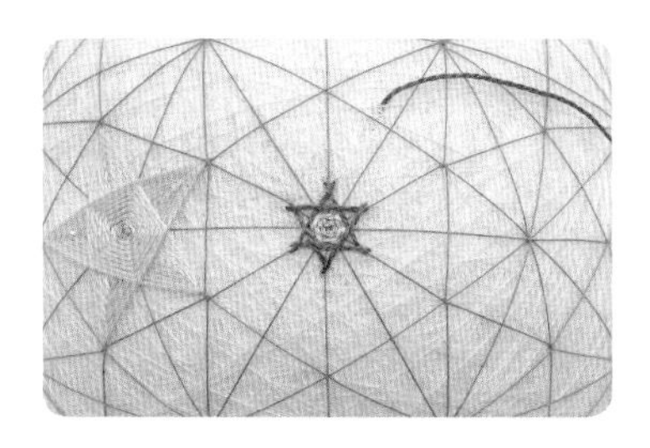

5 换方向再绣制三角形，形成了六角星状。

6 交替换方向绣制三角形，交叉形成六角星状图案。

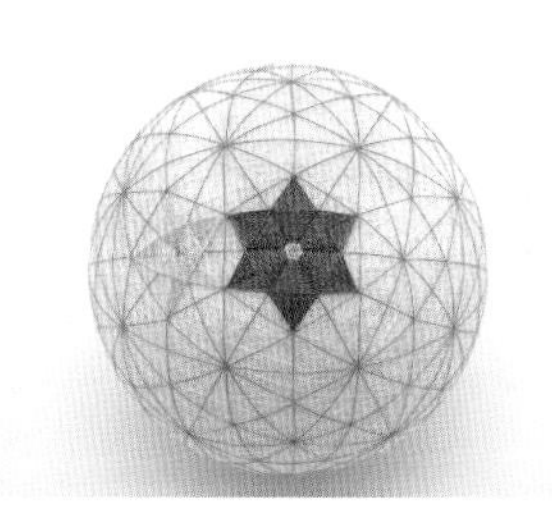

7 当六角星的角都触碰到六边形的顶点时，六角星绣制完成。

8 在 42 面体中的 12 个五边形内全部绣制浅米色五角星，30 个六边形内以不同色阶的橘红色线绣制六角星。

9 取蓝灰色绣线，在相邻区域的中心点出针。

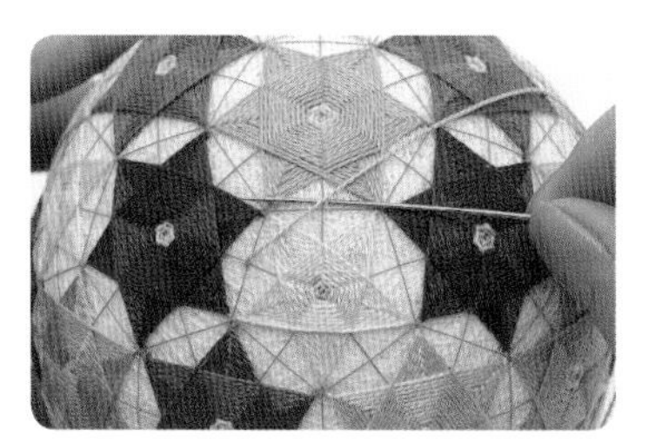

10 顺时针向下一个相邻区域的中心点引线，挑针固定针脚。

11 如图，以蓝灰色 3 圈、蓝色 3 圈、深蓝色 1 圈完成边框五角平挂的绣制。

12 再取蓝灰色绣线，进行相邻边框六角平挂的绣制。

13 注意平挂的最后一针，用针尾一端引线穿过之前的边框。

14 六角边框绣制完成，两个边框相交处形成扭绣。

15 继续相邻边框的绣制，注意相交处的叠压顺序，使 3 个边框进行扭绣。

16 完成所有边框的扭绣，山茶花手鞠完成。

幻想花

幻想花手鞠以四角平挂和三角平挂互相扭绣形成图案，极具几何美感。紫色代表的神秘感和粉色的柔美形成对比，透出幻想的色彩意味。

第 029 页作品

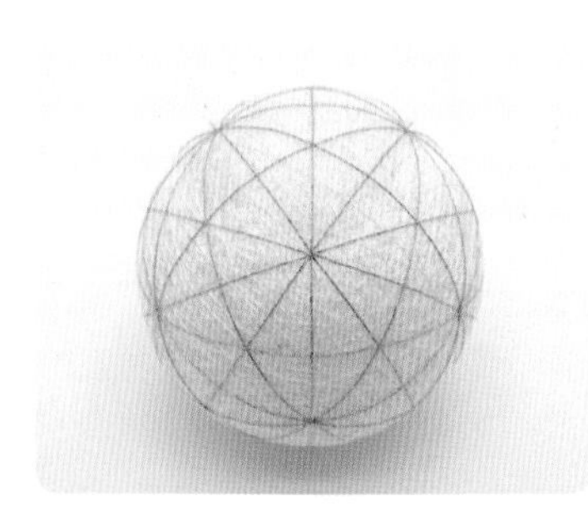

素球： 周长 22.8cm 的白色素球

分球： 用金色细金属线进行组合 10 等分球

绣线： 5 号线：紫色、浅粉色

制作要点：

· 准确定位起针点并控制扭绣层数，使图案整体协调

· 绣制平挂时注意控制针距，便于整球形成满绣

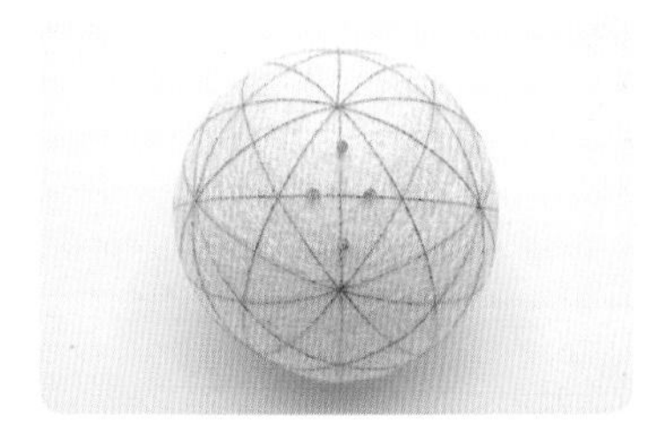

1 在 4 等分菱形区域内，长对角线上顶角到中心约 1/2 处定位（图中距离中心 9mm），短对角线上顶角到中心略大于 1/3 处定位（图中距离中心 5mm）。

2 取紫色绣线，从任意一枚珠针处起针，在菱形内进行平挂四角绣直到顶角位置，共绣制 8 圈。

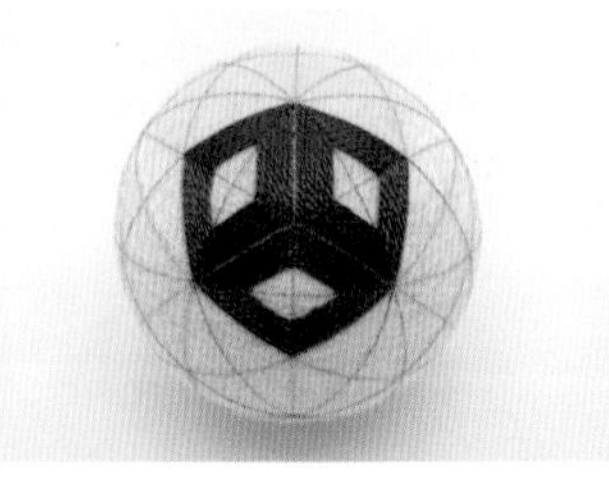

3 重复以上步骤，完成另外两个相邻菱形内的绣制。

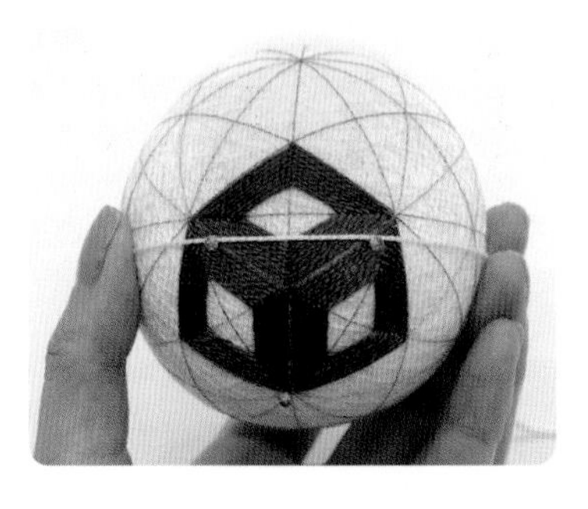

4 取浅粉色绣线，如图，对准空白处小菱形的顶点，拉线与长对角线平行，在与菱形相交的两个点处定位。然后换方向定位第三个点。

5 从任意一枚珠针的左上方约 1mm 处起针。

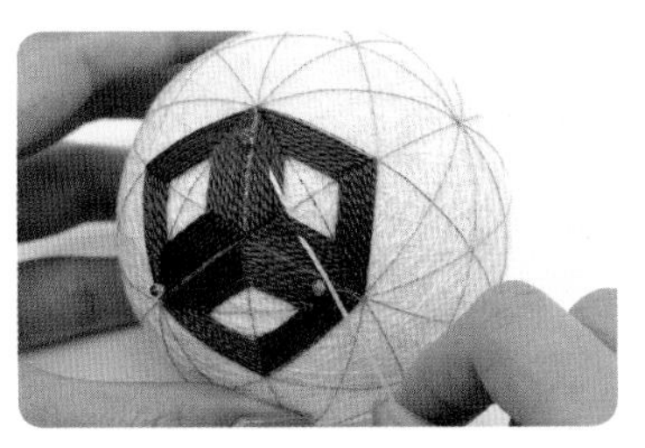

6 出针后向右下方引线，从 5 根紫色绣线下穿过再叠压 3 根绣线，接着从 3 根绣线下穿过再叠压 5 根绣线。

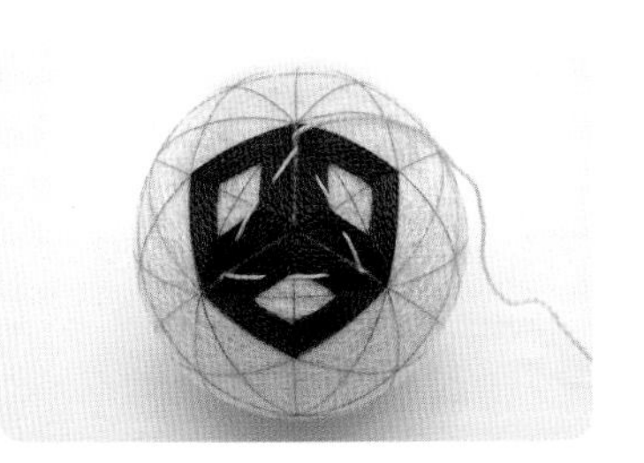

7 以步骤 6 的叠压规律，完成一圈，形成三角形。

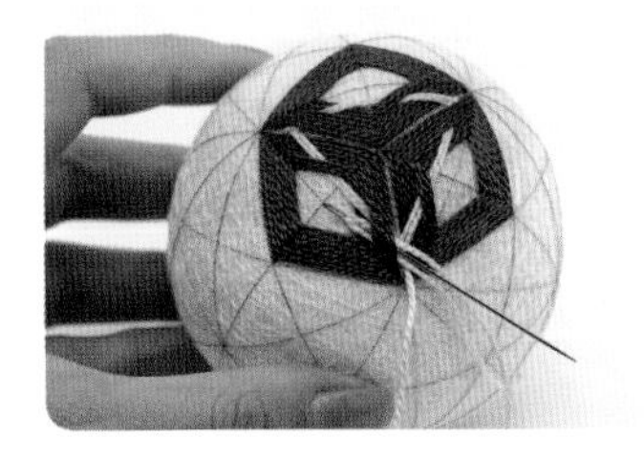

8 重复绣制三角形，注意用针尾一端引线穿过绣线。

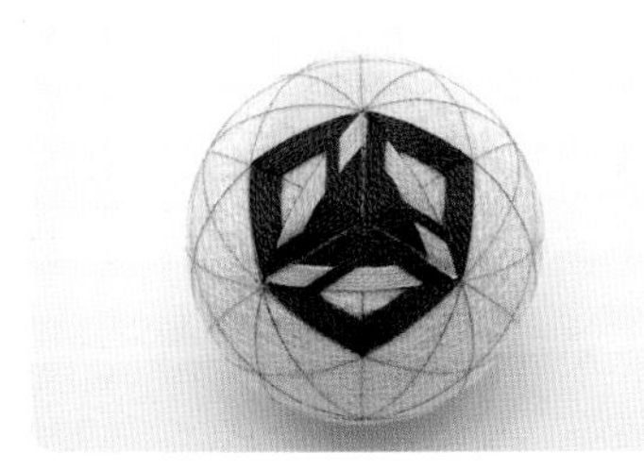

9 三角形绣制到顶角位置，共绣制 6 圈。菱形和三角形扭绣形成了花纹。

10 继续进行菱形和三角形的扭绣，一个以五边形为中心的幻想花形成。

11 以同样的方法，完成所有菱形和三角形的扭绣，幻想花手鞠完成。

针法 15

一笔绣

一笔绣，是指在一个分球区域内，不断线连续绣制完成一个独立的图案。这个独立图案不是特定的，线图仅是一种图样的参考。很多一笔绣针法的应用都需要添加辅助线，以辅助图案的绣制。

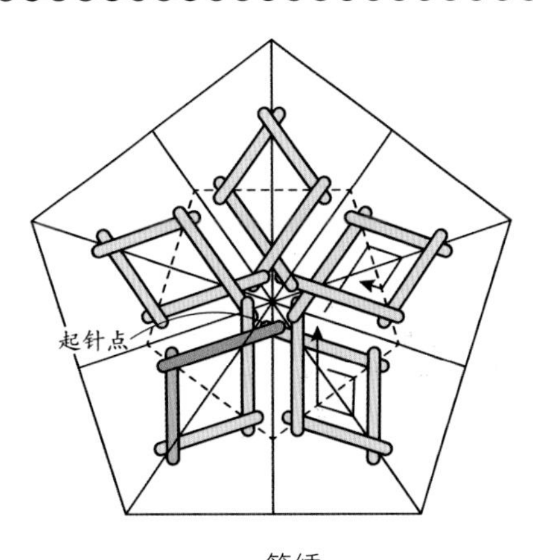

一笔绣

朝颜

朝颜即清晨花开、傍晚花谢的牵牛花。花呈五瓣，形态正如手鞠上的图案设计。这个作品以一笔绣表现花朵，以不同于《十里桃花》手鞠的另一种松叶绣点缀为叶。使用 25 号绣线 3 股绣制。25 号绣线多股应用，既让线条加粗，又保证了图案的平整服帖。

第 030 页作品

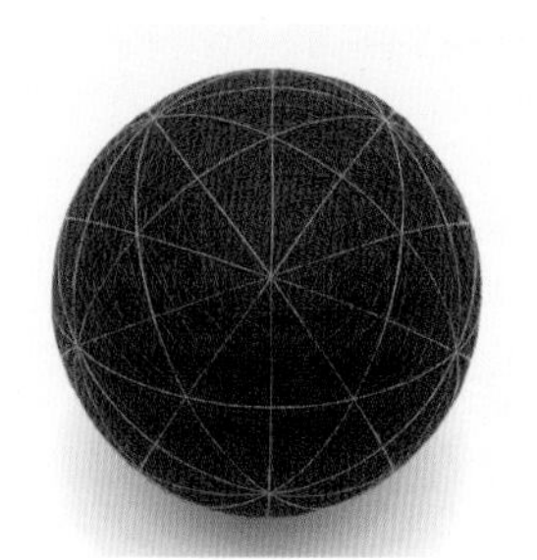

素球：周长 33.8cm 的紫红色素球

分球：用浅紫红色素球线进行组合 10 等分球

绣线：25 号线：白色、浅紫色、浅绿色

制作要点：

· 准确添加辅助线

· 一笔绣的思路清晰、走线正确

· 3 股绣线平整排列，不拧线不堆叠

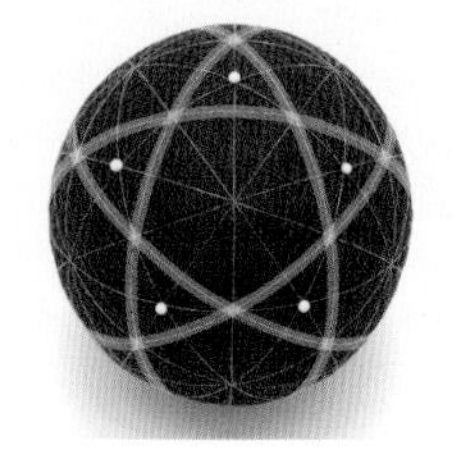

1 白色珠针定位区域为组合 10 等分的五边形区域。按照图示中的描白线条，添加辅助线。

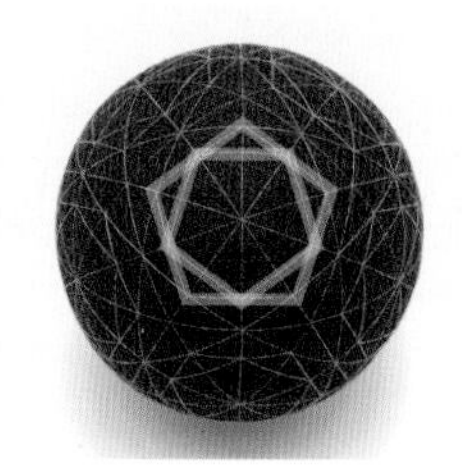

2 继续按照图示中的描白线条，添加辅助线。

3 取白色绣线 3 股，从最内层五边形一角的左侧上方约 2mm~3mm 处起针。

4 出针后如图所示引线，在辅助线上固定针脚。

5 继续如图所示引线固定针脚。

6 继续一笔绣，注意针脚处绣线保持平整。

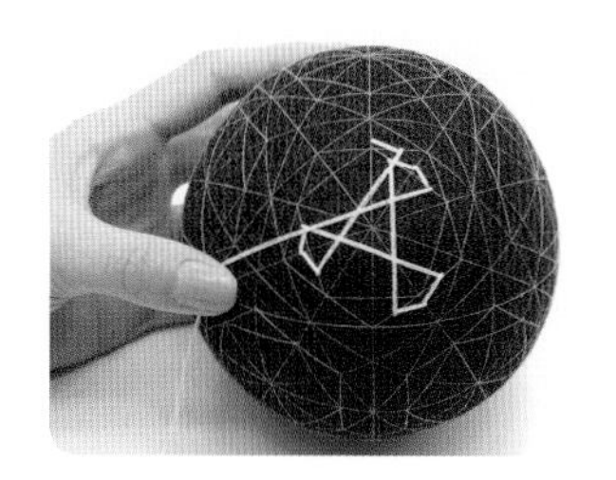

7 同上图 6。

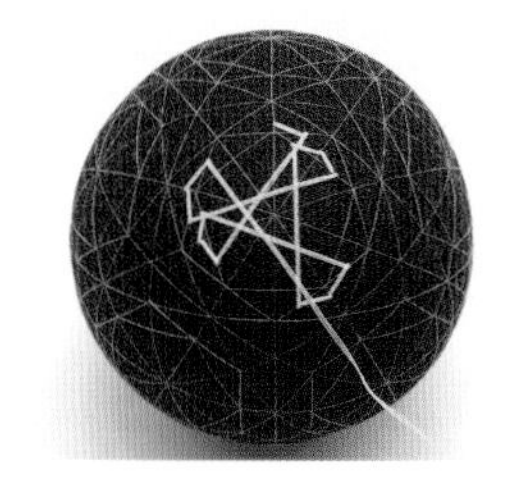

8 同上图 6。

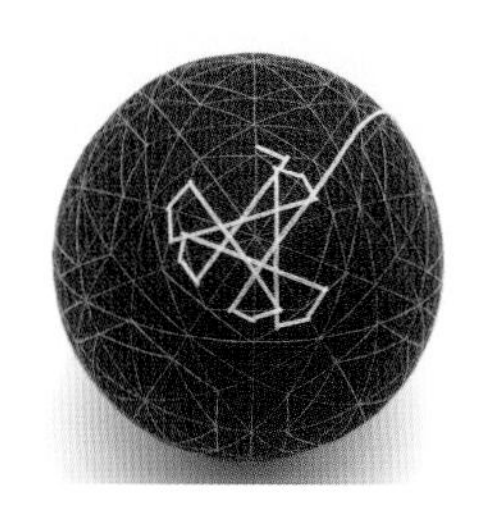

9 同上图 6。

10 以步骤 4~9 的规律继续一笔绣，完成第一层图案的绣制。

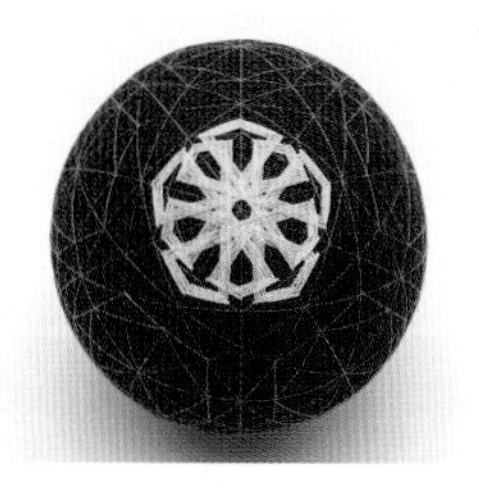

11 用白色绣线共绣制 3 层。

12 换取浅紫色绣线再绣制一层。一朵朝颜花完成。

13 以同样的方法，用一笔绣完成共 12 朵朝颜花。

14 取浅绿色绣线 3 股，在花朵之间绣制松叶绣。

15 完成所有空白区域的松叶绣。

针法 16

漩涡绣

漩涡绣形如其名，螺旋状的图案很像水流或气流形成的漩涡。漩涡绣的应用可以分为两类：一类是同一方向的漩涡绣，如三角漩涡、四角漩涡、五角漩涡；另一类是通过两个方向漩涡绣的组合形成图案。

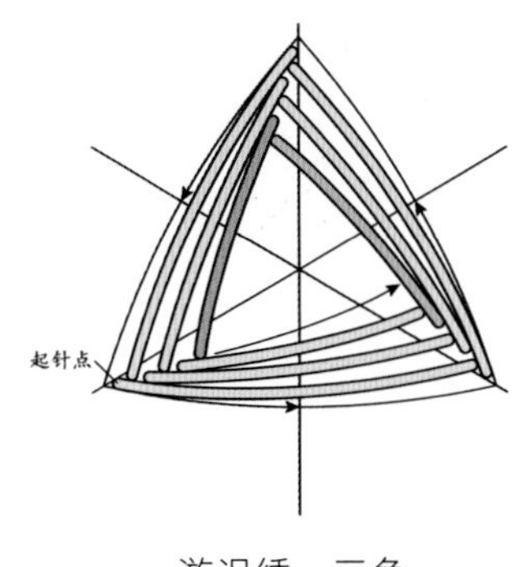

漩涡绣 - 三角

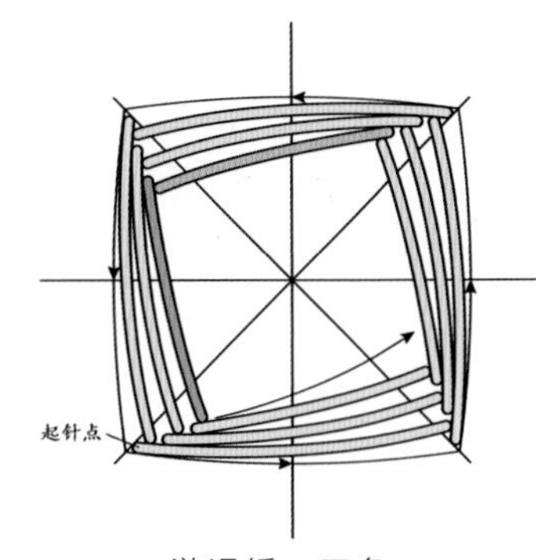

漩涡绣 - 四角

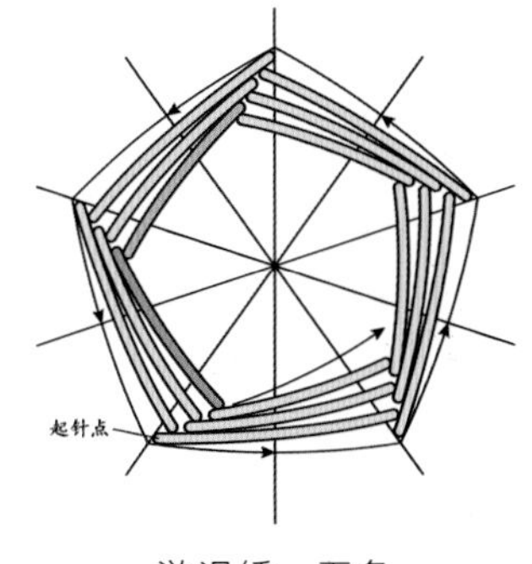

漩涡绣 - 五角

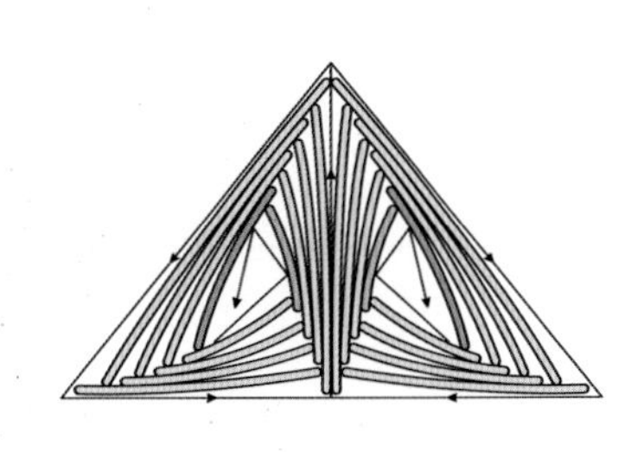

漩涡绣 - 双向

银杏

银杏手鞠完全使用漩涡绣针法制作，将三角漩涡绣、四角漩涡绣、双向漩涡绣组合形成了银杏叶的图案。渐变黄色的使用，更贴合黄叶的自然状态。

第 031 页作品

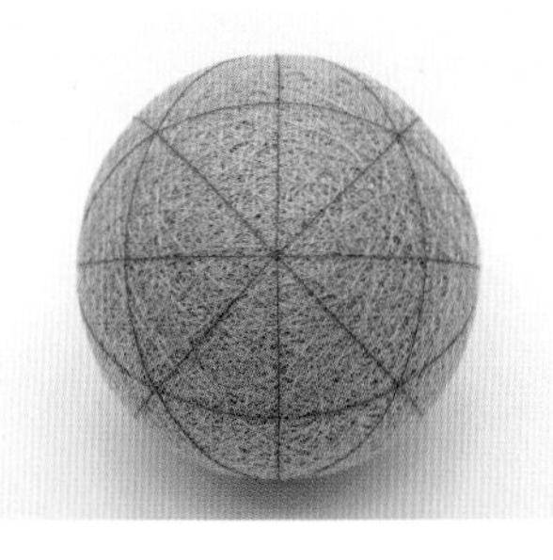

素球： 周长 22.8cm 的灰色素球

分球： 用橘黄色素球线进行组合 8 等分球（绣制完成后拆除分球线）

绣线： 8 号线：黄色、深黄色

制作要点：

· 漩涡绣出入针准确，每一针绣线之间保持等距

· 双向漩涡绣注意绣制方向正确

1 如图所示，在组合 8 等分的基础上添加辅助线，形成新的四边形和三角形区域。

2 取黄色绣线，从一个四边形区域的左下角起针。

3 出针后，向四边形的右下角引线。

4 转动素球，固定针脚。可以参照针法线图。

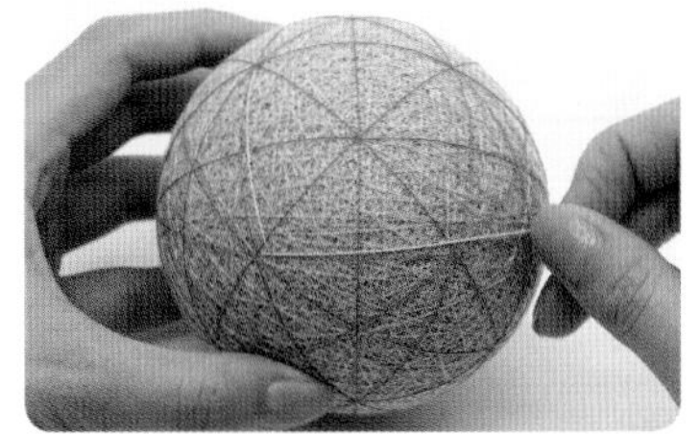

5 拉紧绣线后，继续向下一个角的方向引线。

6 完成 4 个方向的绣制，回到起针点，固定针脚开始第二圈的旋涡绣。

7 接着向下一个角的方向引线，注意和上一层绣线间距不要过大。

8 以同样的方法，完成第二圈的绣制。

9 绣制中保持旋涡绣的每一层绣线间距大致相等。

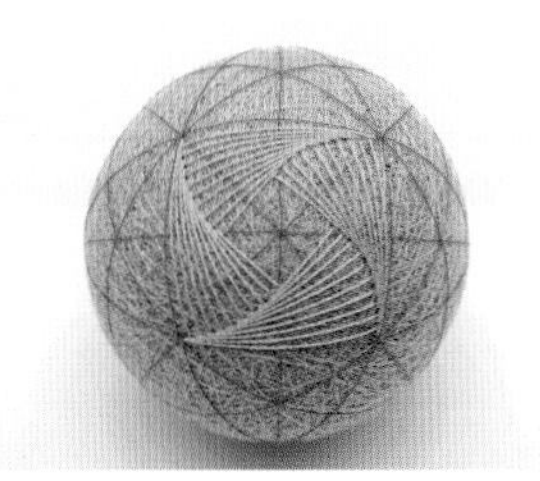

10 靠近中心时，换取深黄色绣线。

11 接着进行旋涡绣。

12 完成一个四边形区域的旋涡绣。

13 开始相邻三角形区域内的旋涡绣，注意拉线方向与四角旋涡绣相反。

14 如图所示固定针脚。

15 出针后，向下一个角的方向引线。

16 转动素球，固定针脚。

17 一圈绣制完成，回到起针处固定针脚。

18 绣制时，注意保持旋涡绣的每一层间距和四角旋涡绣的间距都大致相等。

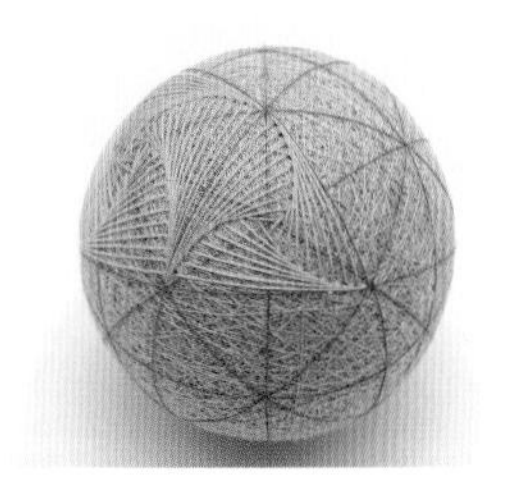

19 完成一个三角形区域的旋涡绣。

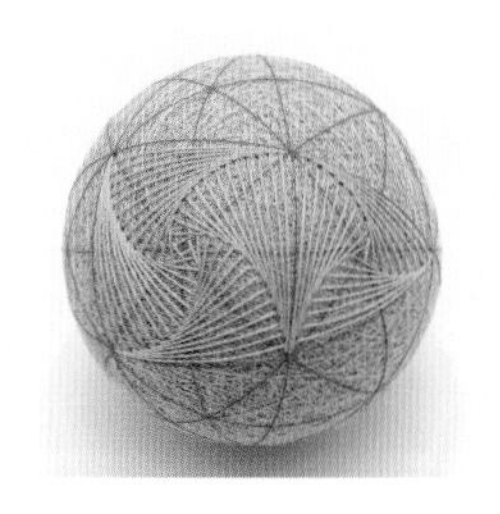

20 四边形和三角形的相邻处，银杏叶的图案已经形成。

21 完成剩下所有四边形和三角形区域内的旋涡绣。

22 取黄色绣线，沿着辅助线拉线，填补图案之间的空缺。

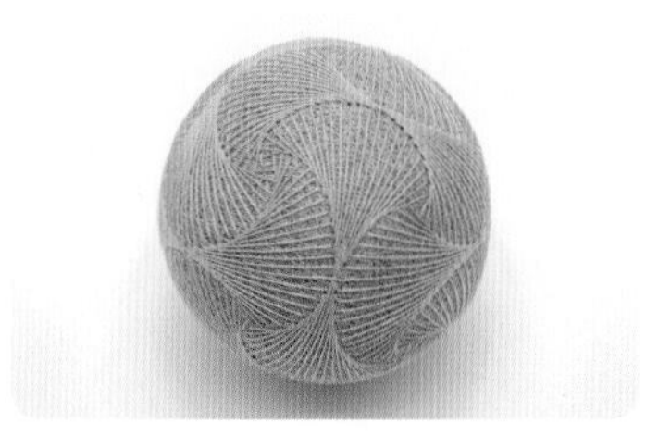

23 拆除分球线和辅助线，银杏手鞠完成。

云气

云气手鞠是在 16 面体分球的基础上，采用五角漩涡绣和六方连续麻叶绣组合绣制而成。以银色细金属线绣制连续的五角漩涡来表现云气缭绕。麻叶纹在中国传统纹饰中又叫六角星纹，多见于织锦和建筑构件中。六边形区域内绣制麻叶纹，取建筑构件纹饰的意象，表达了吉祥的云气环绕屋宇。

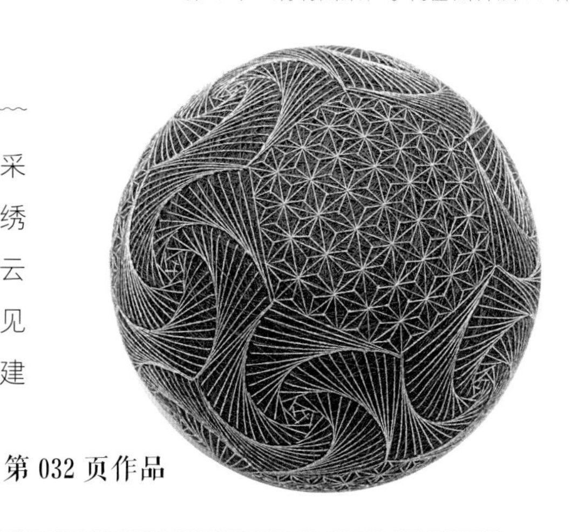

第 032 页作品

素球：周长 35.3cm 的紫罗兰色素球

分球：用白色素球线进行 16 面体分球（分球步骤参照本书第 083 页，漩涡绣完成后拆除分球线）

绣线：银色细金属线

制作要点

· 16 面体分球准确，不完全分割

· 漩涡绣出入针准确，每一针绣线之间保持等距

· 麻叶绣大小等分、形状规整，注意固定中心点

1 如图所示，在相邻的 3 个五边形区域内进行漩涡绣。

2 取银色细金属线，从任意一个五边形的左下角起针，向右下角方向引线。

3 转动素球，固定针脚。可以参照针法线图。

4 完成一圈的绣制，回到起针处固定针脚。

5 开始第二圈的漩涡绣，注意绣线之间要等距。

6 固定针脚时，尽可能贴近上一层的绣线，这样漩涡绣连接细密、整体效果更好。

7 绣制过程中，保持漩涡绣的每一层绣线间距大致相等。

8 完成一个五边形区域内的漩涡绣。

9 接着完成相邻五边形区域内的漩涡绣。漩涡绣全部为同一方向旋转。

10 完成所有五角漩涡绣之后，拆除五边形区域内的分球线。

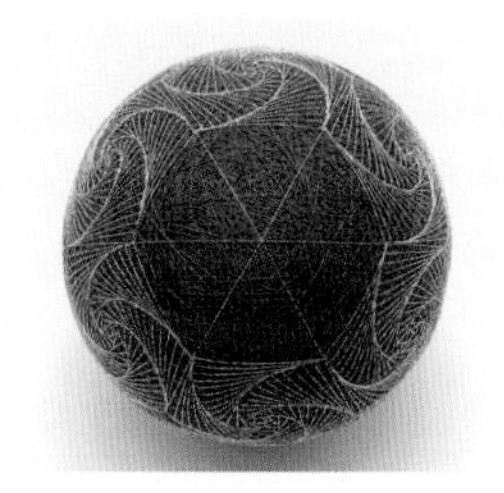

11 取银色细金属线，在六边形区域内添加辅助线。

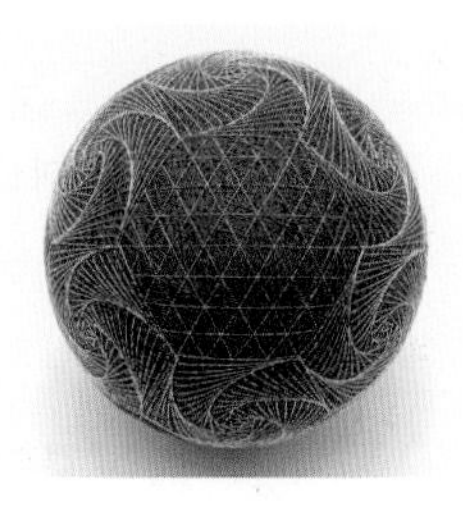

12 如图所示，将各边 4 等分，在三个方向添加辅助线。

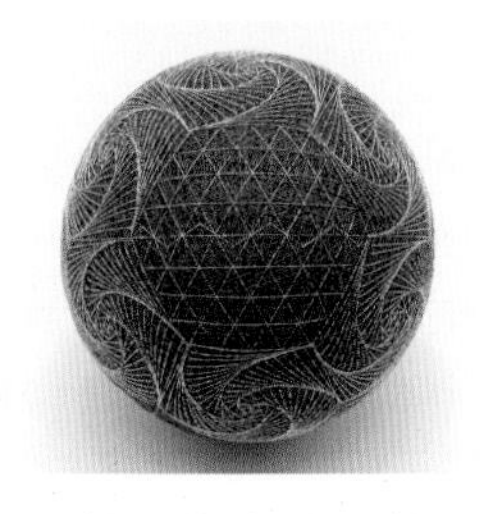

13 三方连续麻叶绣从千鸟绣开始。

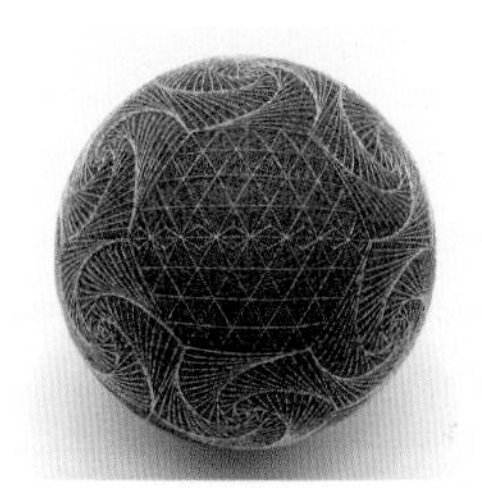

14 绣制对应另一个方向的千鸟绣。

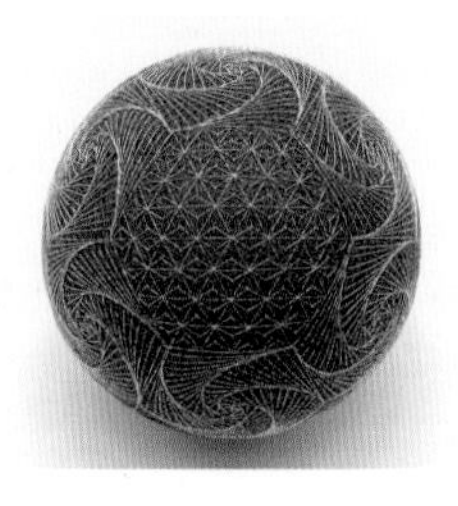

15 完成所有千鸟绣部分。

16 连接上下千鸟绣的针脚点，并在交点处回针做固定。

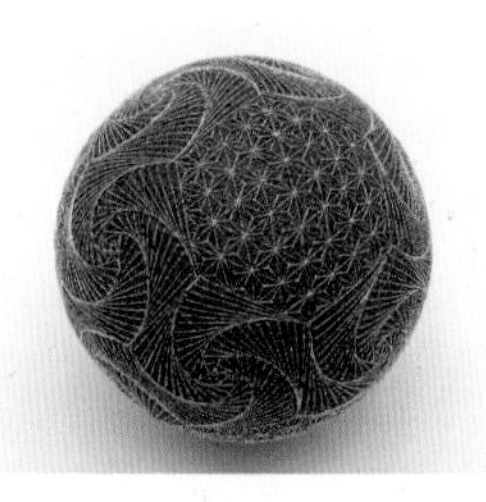

17 以同样的方法完成其他三个区域的麻叶绣。云气手鞠完成。

彩蛋手鞠教程

Flow 流动

《Flow 流动》手鞠作为作者的日本手鞠协会教授资格申请作品，赴东京总部展览时得到会长尾崎敬子先生的肯定，具有几十年丰富制作经验的老师们也对区域清晰的多彩手鞠素球表现出极大的兴趣。传统手鞠的素球通常是单一底色，《Flow 流动》手鞠的制作中独创使用颜料填彩，使素球线不会发生晕染，颜色可以出现在球面指定区域。绿色菱形色块表现出不同光影下的叶片，白色细金属线是串联起每一片叶子的能量线，也像能量在被叶脉输送流动中雀跃地闪烁。最后颜色不尽相同的花朵、交叉绣的花萼，与能量线再次联通，使作品表达完整统一。

第 036 页作品

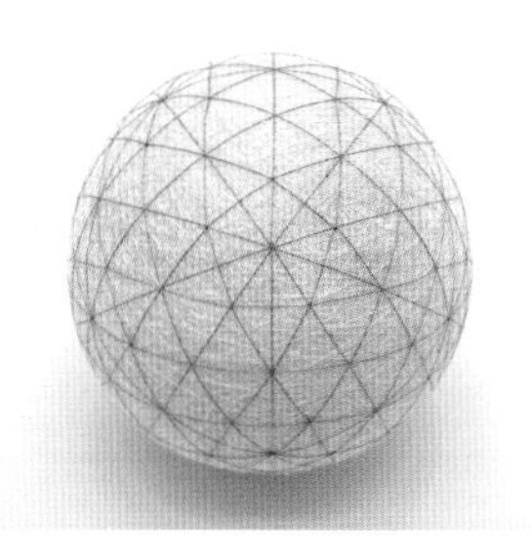

素球：周长 32cm 的白色素球

分球：用灰色素球线进行 42 面体分球，不完全分割（分球步骤参照本书第 080 页）

绣线：白色金属线；25 号线：浅黄色、浅绿色、粉红色、浅粉色

制作要点：

· 42 面体分球准确，不完全分割

· 素球区域内染色均匀

· 灵活运用连续绣、松叶绣、星绣、平挂绣和交叉绣针法

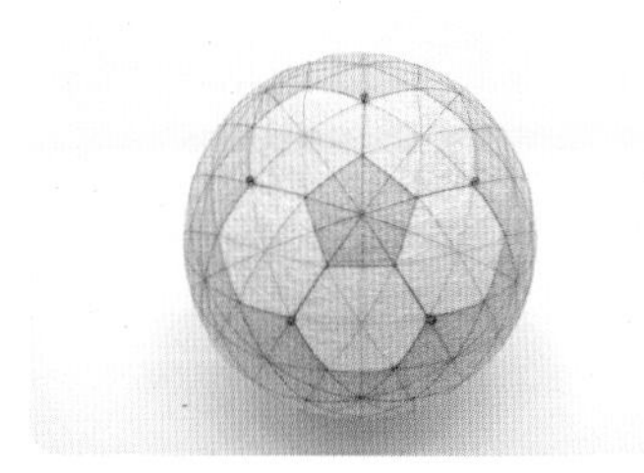

1　如图所示，我们将在六边形区域内进行彩绘。

2　准备好纺织颜料，每一个六边形由 3 个菱形构成，因此分别涂 3 个色块。

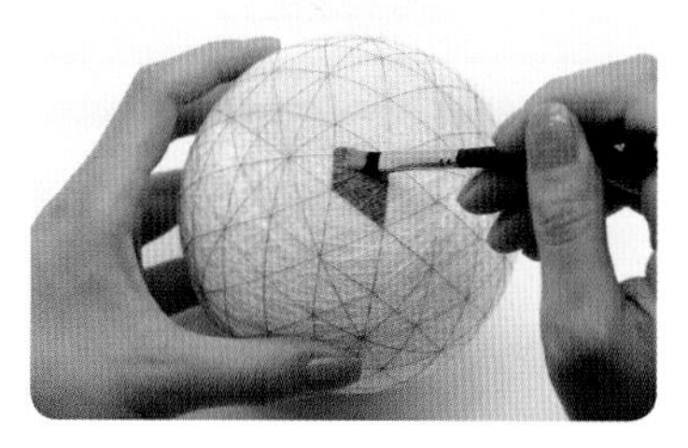

3　涂色时，注意颜料均匀覆盖素球线，菱形区域的边界清晰。

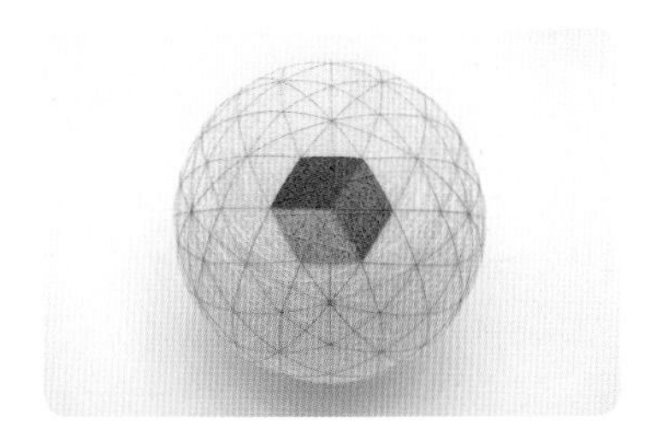

4 完成一个六边形内 3 个菱形色块的上色。

5 以同样的方法，完成所有六边形内菱形区域的上色。静置待颜料完全干透。

6 取白色细金属线，从一个六边形的左侧上方起针开始连续绣。

7 向右侧引线，在相邻的六边形之间进行连续绣。

8 完成一圈连续绣，回到起针处固定针脚。

9 继续完成这一方向的连续绣。注意保持每层绣线等距，绣线的交点汇于六边形的中心。

10 接着完成另一个方向的连续绣。

11 再完成第三个方向的连续绣。

12 完成所有的连续绣。

13 在每个六边形内的空白处，进行松叶绣。

14 完成所有松叶绣，使每个六边形都被散射状的线条覆盖。

15 取 25 号粉红色绣线 3 股，在空白五边形内，以星绣开始绣制花朵部分。

16 取浅绿色绣线 3 股，完成 5 圈平挂绣。

17 取浅粉色绣线 3 股，以交叉绣填补星绣和平挂绣之间的空白处。

18 可以尝试用不同配色制作花朵部分。

彩蛋故事

大自然就是天才的设计师，我的手鞠作品很多取自自然题材。因为对自然光影下的色彩太着迷，所以总想在手鞠上呈现眼睛所看到的光景。后来取材就更广泛了，直接取到了外星球，那就是《阿凡达》里的潘多拉星。他们那的植物晚上居然会发光，自然中能量的脉动清晰可见，整个星球都是一个流动的整体。而手鞠就像是一个小星球，那我可不可以在素球上呈现出来？

学手鞠的时候就总是想，为什么一定要是单色素球呢，如果素球可以有色彩变化，图案不就更丰富了？在做《Flow 流动》的时候甚至尝试了满绣铺色，然后绣制花纹，可是绣线的纹理感会影响金属线作为能量流动的表现。因此做了大胆的尝试，而有了自己独创的技法。

后来申请教授认证的时候，《Flow 流动》这个作品去了日本，协会的奶奶们对它产生了极大的兴趣，看着作品实物还是不确定做法，又多次邮件沟通了制作方法。虽然我制作手鞠的时间可能仅仅是 90 多岁会长奶奶的零头，但也总算有了自己独创的技法，并且受到了前辈们的认可。

手鞠作为经历千年传承发展的手工艺术，面对前人们的积累，能够做出真正意义上的原创作品已实属不易，更别提独创技法。所以在本书中将澄心独创的点彩技法分享给大家，希望为这门手艺的传承尽一份力。

第6章 附录

小神使阿玉祝福热爱手鞠的你：

健康、幸运、圆满~

针法图一览（图示均以右边手为习惯演示）

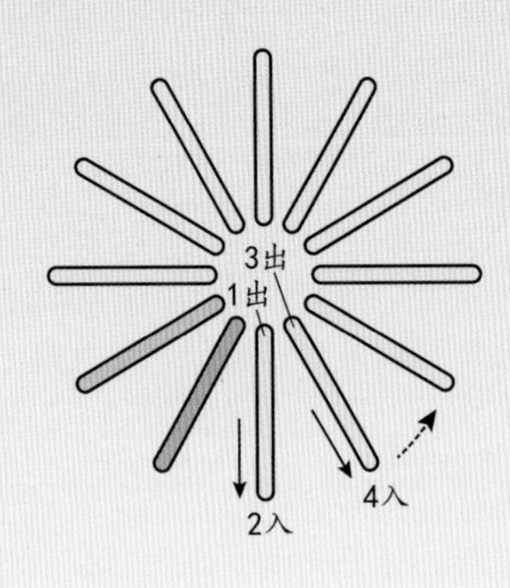

松叶绣 1

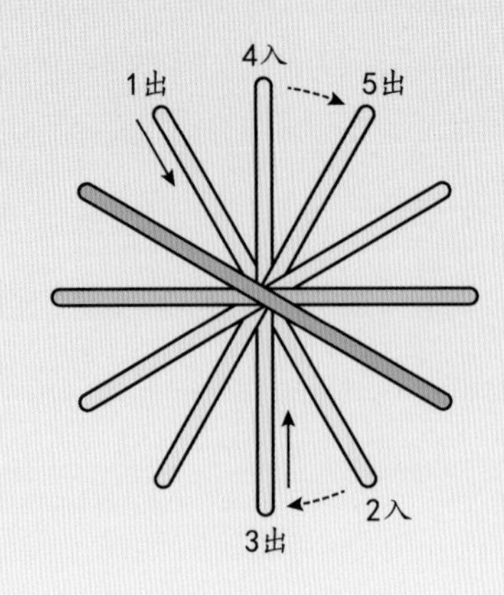

松叶绣 2

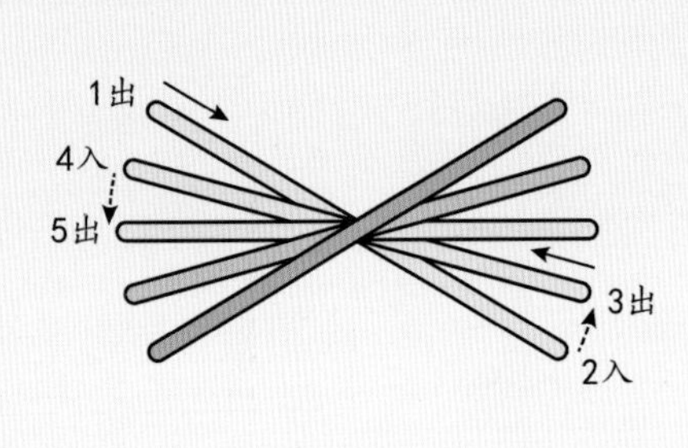

松叶绣 3

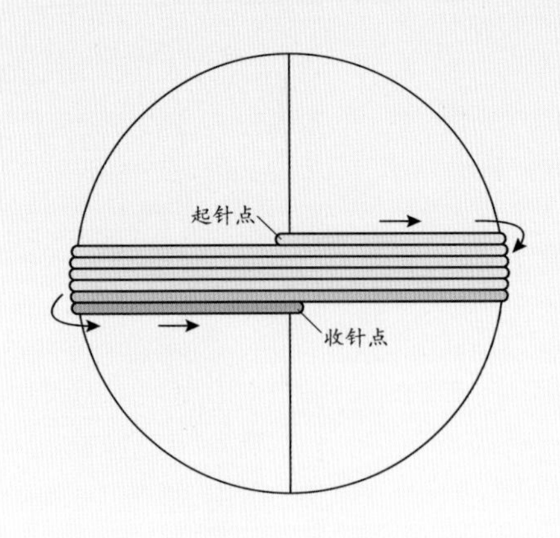

卷绣 - 带形卷

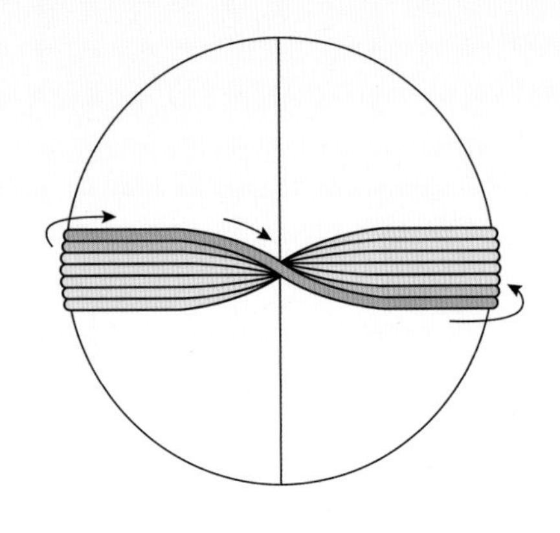

卷绣 - 交叉卷

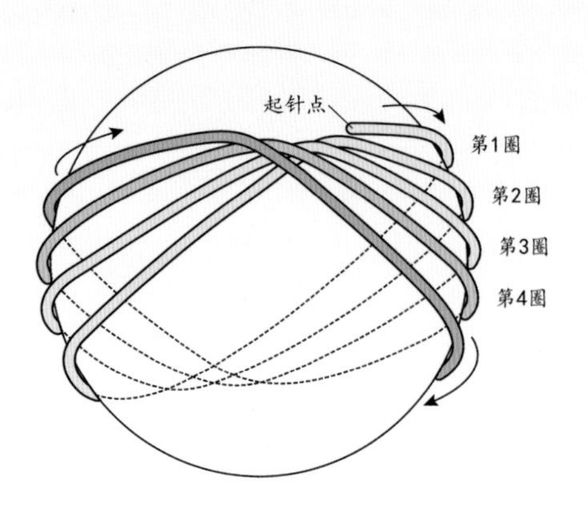

卷绣 - 网状连续卷

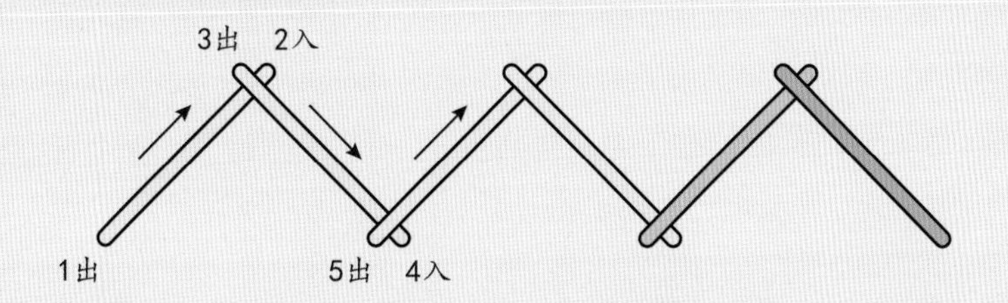

千鸟绣

平挂绣－三角

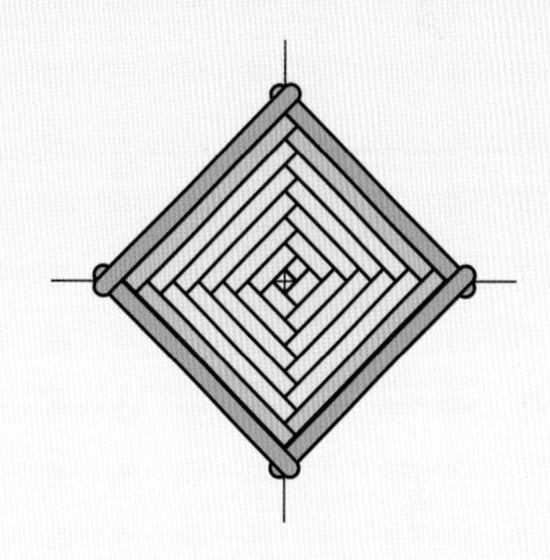

平挂绣－四角

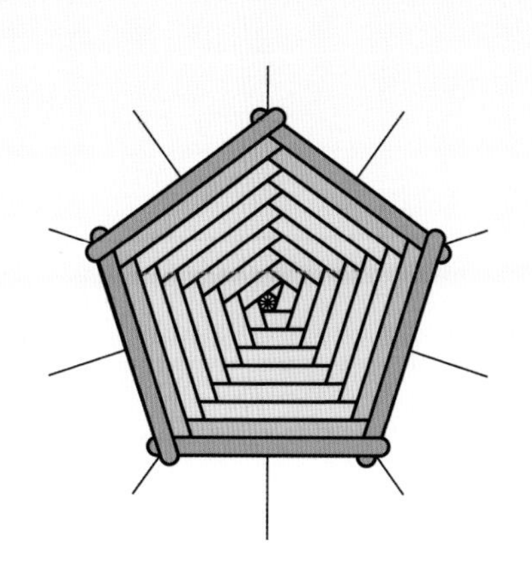

平挂绣－五角

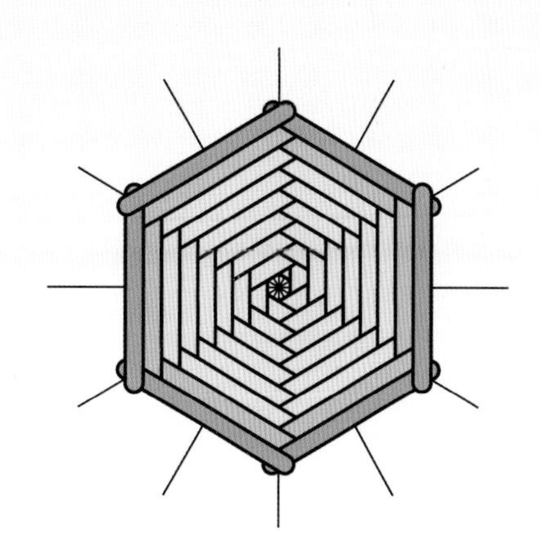

平挂绣－六角

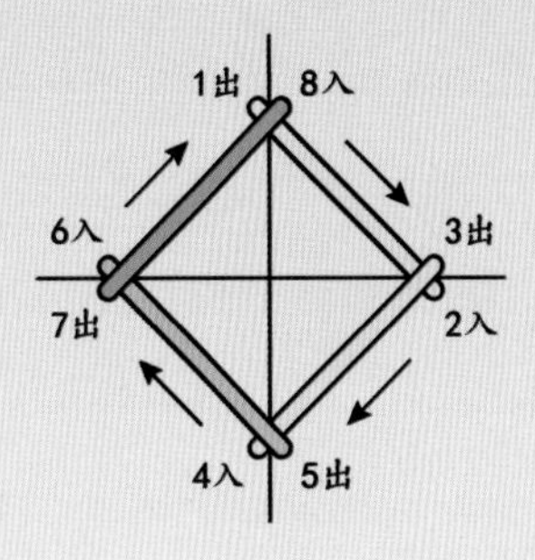

枡绣

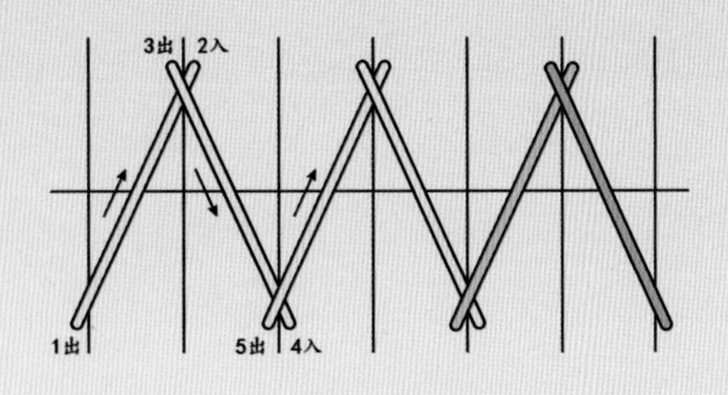

上下同时绣 1

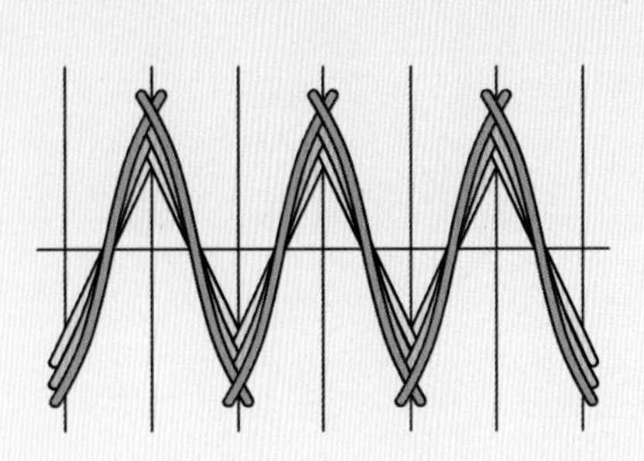

上下同时绣 2

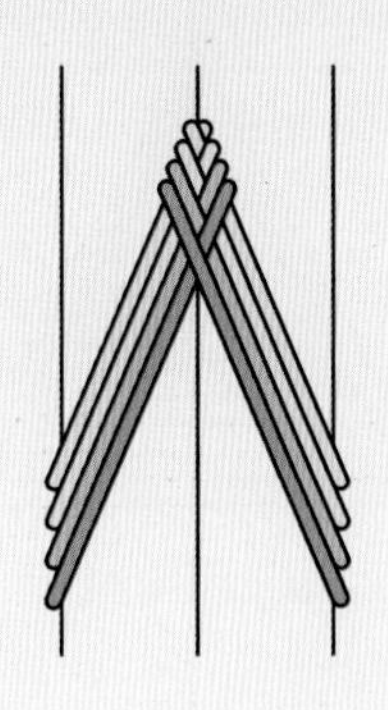

上挂千鸟绣 1

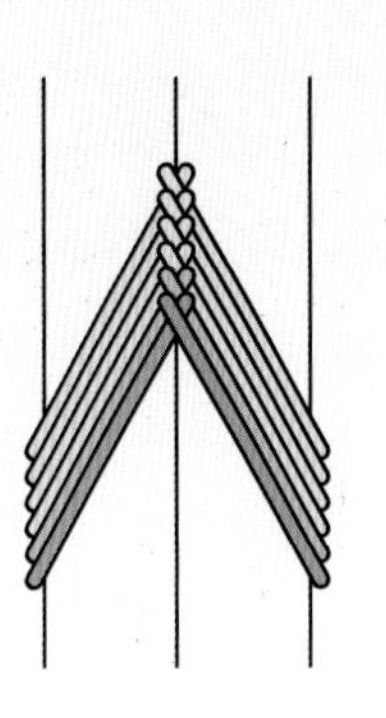

上挂千鸟绣 2

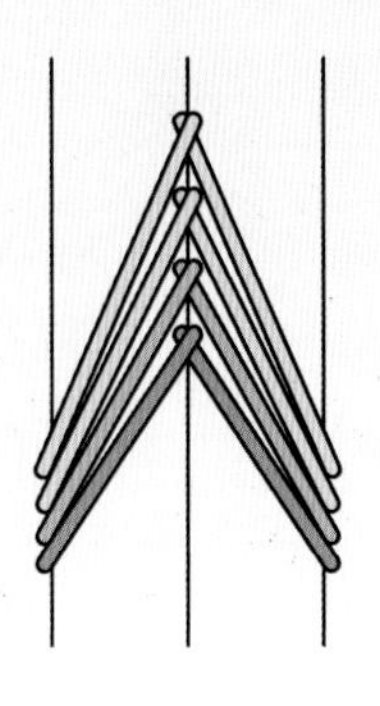

下挂千鸟绣 - 等距

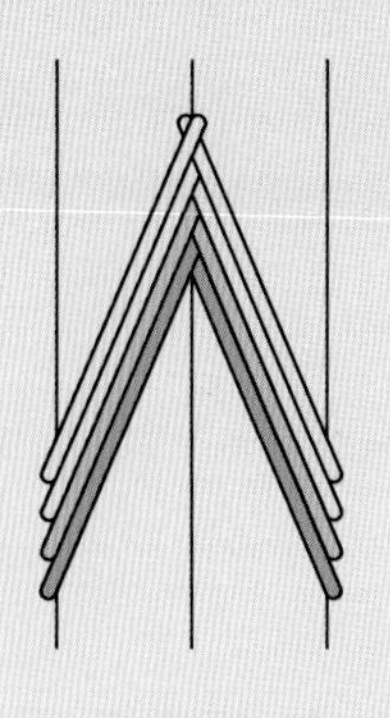
下挂千鸟绣 - 紧密

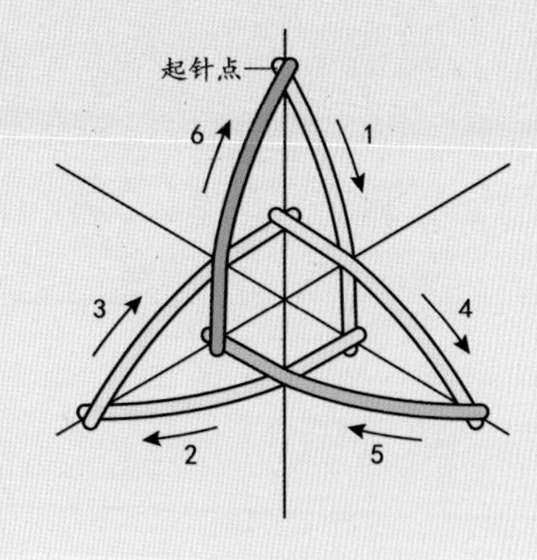

三羽根龟甲绣

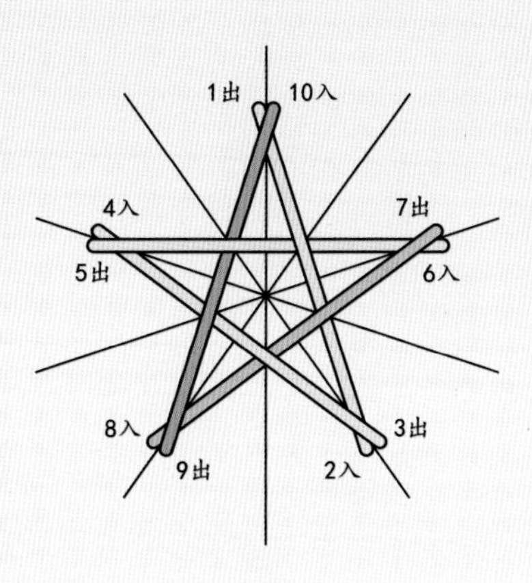

星绣 1

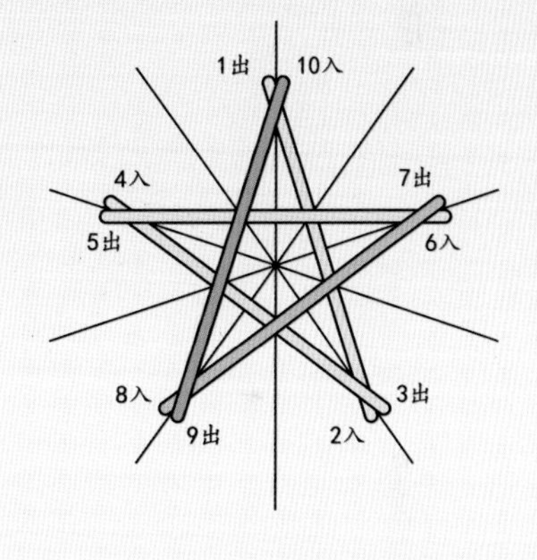

星绣 2

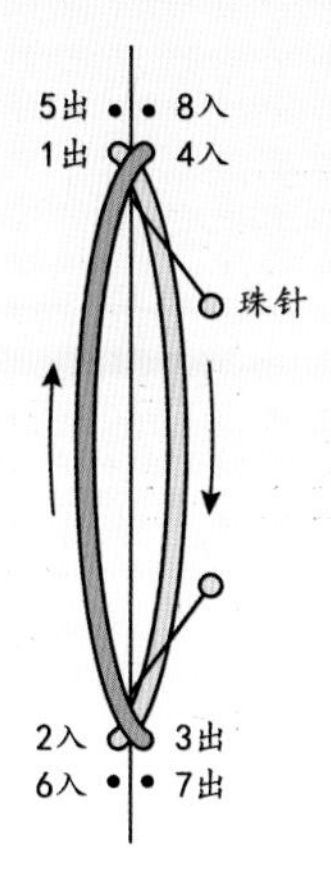

纺锤绣

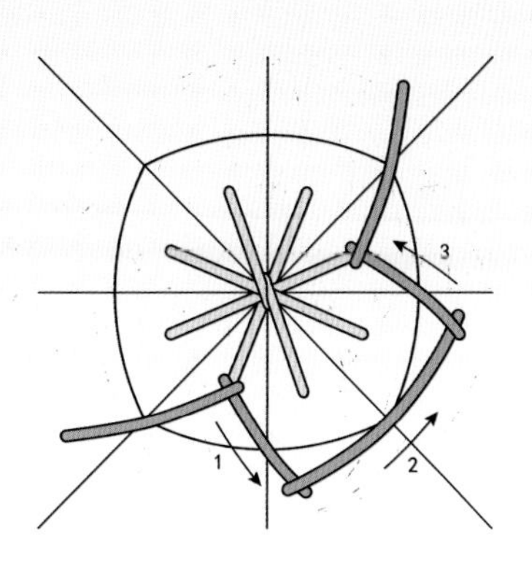

麻叶绣 1-1

麻叶绣 1-2

麻叶绣 1-3

麻叶绣 2

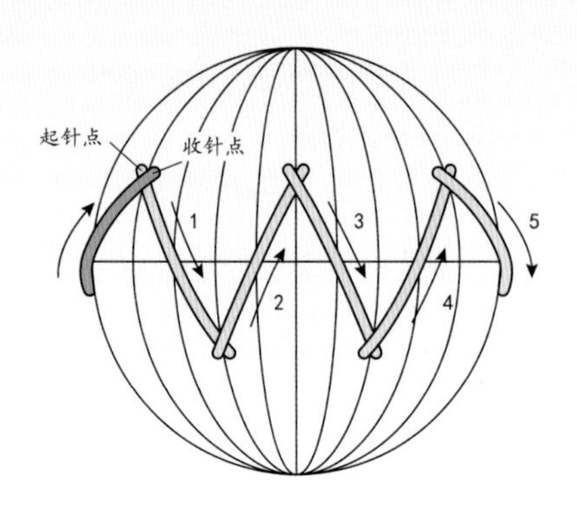

连续绣

交叉绣

扭绣

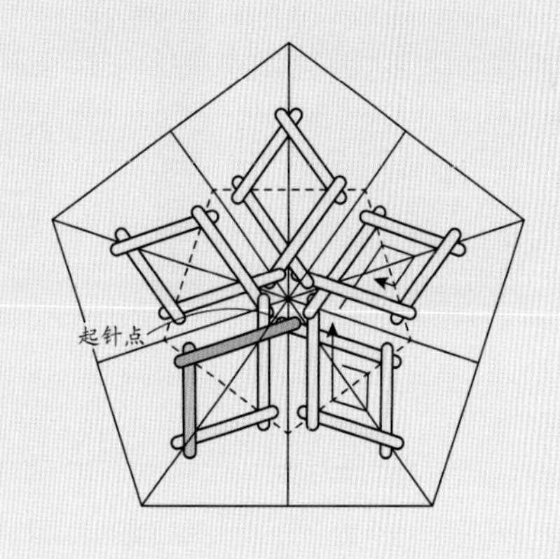

一笔绣

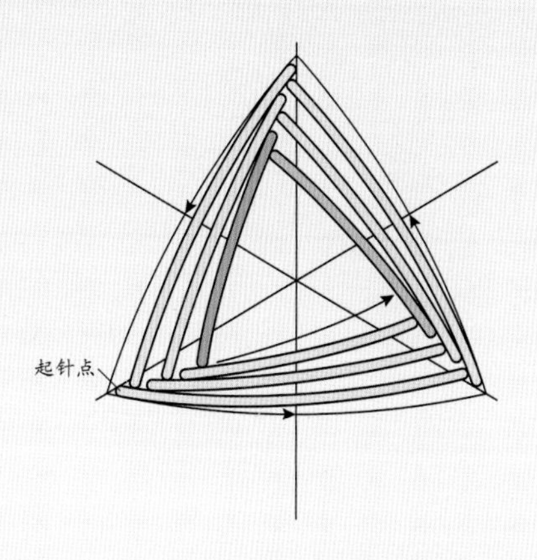

漩涡绣 – 三角

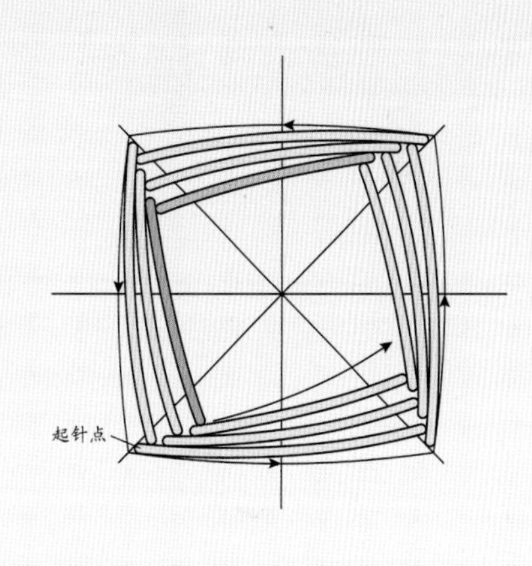

漩涡绣 – 四角

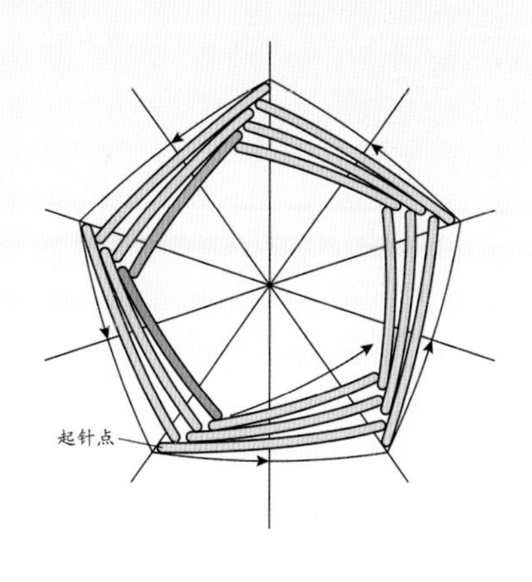

漩涡绣 – 五角

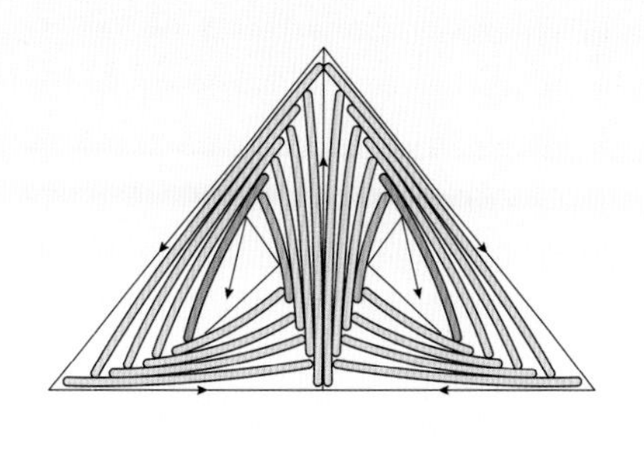

漩涡绣 – 双向

手鞠常用词及针法中日文对照

中文	日文	中文	日文
手鞠	手まり、てまり	上下同时绣	上下同時かがり
素球	土台まり	松叶绣	松葉かがり
周长	円周	卷绣	巻きかがり
分球	地割り	三羽根龟甲绣	三つ羽根亀甲かがり
组合 10 等分	10 等分の組合せ	星绣	星かがり
素球线	地巻き糸	纺锤绣	紡錘型つむかがり
分球线	地割り糸	麻叶绣	麻の葉かがり
辅助线	補助線	交叉绣	交差かがり
绣线	かがり糸	扭绣	ねじりかがり
25 号刺绣线 3 股	25 番刺繍糸 3 本	连续绣	連続かがり
千鸟绣	千鳥かがり	一笔绣	一筆描き風かがり / 一筆がけ / 一針掛け
上挂千鸟绣	上掛け千鳥かがり	漩涡绣	渦のかがり
下挂千鸟绣	下掛け千鳥かがり	带孔竹编（笼目）	篭目 / かご目
平挂绣	平掛け	刺绣手鞠	刺繍てまり

参考文献

1.《手工芸入門 てまり》，尾崎千代子著，主婦の友社，1977

2.《伝統美術手工芸シリーズ 1 てまり 12 か月》，尾崎千代子著，マコー社，1968

3.《伝統美術手工芸シリーズ 2 続てまり 12 か月》，尾崎千代子著，マコー社，1971

4.《四季のてまかがり 新装版》，尾崎千代子著，マコー社，2015

5.《続四季のてまりかがり 新装版》，尾崎千代子著，マコー社，2003

6.《伝承と創作－郷土のてまり 新装版》，尾崎千代子著，マコー社，2001

7.《続郷土のてまり 新装版》，尾崎千代子著，マコー社，2007

8.《楽しい手づくりシリーズ やさしい手まり》，尾崎千代子著，マコー社，1979

9.《楽しい手づくりシリーズ 2 集 創作てまり》，尾崎千代子著，マコー社，2005

10.《楽しい手づくりシリーズ 3 集 新しいてまり》，尾崎千代子著，マコー社，2005

11.《楽しい手づくりシリーズ 4 集 新しい手まり》，尾崎千代子著，マコー社，2009

12.《楽しい手づくりシリーズ 5 集 新しい手まり》，尾崎千代子著，マコー社，2008

13.《楽しい手づくりシリーズ 6 集 新しい手まり》，尾崎千代子著，マコー社，2003

14.《楽しい手づくりシリーズ 7 集 新しい手まり》，尾崎千代子著，マコー社，2009

15.《古都の雅 浪花てまりと都てまり》，尾崎千代子監修，浦田清子、島崎まよ共著，マコー社，1995

16.《高原曄子の加賀花てまり》，尾崎千代子監修，高原曄子著，マコー社，1992

17.《創作夢てまり－古典から現代へ》，菅家明子、敷野美代子、富田達、豊田咲子共著，マコー社，1999

18.《信州てまり》，大谷幸一郎、登志子、酒井千穗子共著，マコー社，1997

19.《佐藤綾子の尾张手まり》，尾崎千代子監修，佐藤綾子著，マコー社，1991

20.《紀伊てまり》，尾崎千代子監修，久山雪雄、滝本宏子共著，マコー社，1993

21.《江戸てまり》，尾崎千代子監修，尾崎敬子著，マコー社，1994

22.《ふる里の伝承美－創作手まりづくし》，佐藤綾子、高原曄子、三本迦代子、田原

とめ子共著，マコー社，1997

23.《高原曄子の花てまり入門》，高原曄子著，マコー社，1995

24.《基礎からはじめる 楽しいてまり遊び》，尾崎敬子著，マコー社，2003

25.《てまり》，日本てまりの会監修，尾崎敬子著，文溪堂，2004

26.《手作りを楽しむ 彩りのてまり歳時記》，尾崎敬子著，マコー社，2010

27.《新装ワイド版 かわいい手まり》，尾崎敬子著，日本ヴォーグ社，2015

28.《加賀の指ぬきと花てまり帖》，高原曄子著，マコー社，2008

29.《続・加賀の指ぬきと花てまり帖》，高原曄子著，マコー社，2014

30.《新・加賀の指ぬきと花てまり帖》，高原曄子著，マコー社，2017

31.《加賀のつるし手まり》，高原曄子著，マコー社，2005

32.《伝統の模様からモダンなデザインまで 40 種 基本のかがり方から始めるはじめての手まり》，尾崎敬子著，誠文堂新光社，2014

33.《多面体を彩る 武蔵野てまり花》，澤田クニ著，マコー社，2012

34.《基礎から楽しむてまりかがりを始めましょう》，棚橋宴子著，マコー社，2019

35.《手まり幾何模様と手わざ》，水田真由美著，日本てまりの会本部監修，リーブル社，2017

36.《てまりアルバム 多面体のてまり》，NPO 法人日本てまり文化振興協會編，鈴木あや子監修，マコー社，2015

37.《はーもにい合同作品アルバム》，NPO 法人日本てまり文化振興協会研究会・同好会（ドリーム）著，井上弘子監修，NPO 法人日本てまり文化振興協会

38.《はーもにい・3 合同作品アルバム》，NPO 法人日本てまり文化振興協会同好会（ドリーム）著，井上弘子監修，NPO 法人日本てまり文化振興協会，2008

39.《Dream in てまり－日本てまり文化振興協会研究会 10 人の作品集》，日本てまり文化振興協会 研究会著，井上弘子監修，日本てまり文化振興協会，1998

40.《Dream in てまり 2－日本てまり文化振興協会 研究会作品集 第 2 集》，日本てまり文化振興協会 研究会著，井上弘子監修，日本てまり文化振興協会，2000

41.《合同作品アルバム Dream in てまり》，NPO 法人日本てまり文化振興協会著，井上弘子監修，NPO 法人日本てまり文化振興協会，2010

42.《合同作品アルバム -Dream in てまり 第 4 集》, NPO 法人 日本てまり文化振興協会著，鈴木あや子監修，NPO 法人日本てまり文化振興協会，2013

43.《写真集 御殿鞠の世界》，真嶋隆、野田順子著，武田出版，1997

44.《永遠の抒情詩 越路てまり－田中ひさ子作品集》，2005

45.《さぬきの手まり本》，IKUNAS 著，协力：讃岐かがり手まり保存会，2009

46.《小さなてまりとかわいい雑貨》，寺島綾子著，日本文芸社，2014

47.《宝石みたいなてまりとくらしの小物》，寺島綾子著，日本文芸社，2016

48.《愛らしい 加賀のゆびぬき》，寺島綾子著，日本文芸社，2017

49.《野の花の小さなてまりとアクセサリー》，寺島綾子著，誠文堂新光社，2021

50.《讃岐かがり手まり 刺しゅう糸で、染め糸で、毛糸で。》，荒木永子監修，日本ヴォーグ社，2016

51.《はじめて作る小さな手まり》，木原小夜著，ブティック社，2018

52.《TEMARICIOUS の手まり》，TEMARICIOUS 著，学校法人文化學園、文化出版局，2020

53.《日本・中国の文様事典》，早坂優子著，視覚デザイン研究所，2000

54.《美轮美奂：手鞠球经典制作教程》，（日）荒木永子著，如鱼得水译，郑州：河南科学技术出版社，2016

55.《蹴鞠：中国古代的足球》，宋兆麟著，北京：商务印书馆，2017

图书在版编目（CIP）数据

手鞠的几何美学：零基础到精通的技法详解 / 孙湉著. -- 南京：江苏凤凰美术出版社, 2024.1

ISBN 978-7-5741-1264-3

Ⅰ.①手… Ⅱ.①孙… Ⅲ.①蹴鞠—制作 Ⅳ.①TS958.06

中国国家版本馆CIP数据核字（2023）第161556号

责任编辑　孙剑博
责任设计编辑　韩　冰
装帧设计　焦莽莽
责任校对　唐　凡
责任监印　唐　虎

书　　名　手鞠的几何美学：零基础到精通的技法详解
著　　者　孙　湉
出版发行　江苏凤凰美术出版社（南京市湖南路1号　邮编：210009）
印　　刷　南京新世纪联盟印务有限公司
开　　本　787毫米×1092毫米　1/16
印　　张　11
版　　次　2024年1月第1版　2024年1月第1次印刷
标准书号　ISBN 978-7-5741-1264-3
定　　价　98.00元

营销部电话　025-68155675　营销部地址　南京市湖南路1号